丛书编委会

国家出版基金项目
“十三五”国家重点出版物出版规划项目
“海上丝绸之路”可再生能源研究及大数据建设

海上风电场技术

刘永前　主　编
韩　爽　阎　洁　副主编

電子工業出版社
Publishing House of Electronics Industry
北京·BEIJING

内容简介

本书系统地介绍了海上风电场的设计、建设和运行的理论与技术：在设计方面，主要介绍了风资源特性与测量评估、海上风电场宏观选址、海上风电场微观选址、海上风电场电气系统设计、海上风电机组与升压站基础结构设计、海上风电场技术经济与环境影响分析；在建设方面，主要介绍了海上风电设备运输、海上风电场施工建设及海上风电场施工管理；在运行方面，主要介绍了海上风电功率预测、智能控制及故障诊断技术；最后简单介绍了海上风电与海域综合利用的相关内容。

本书可以作为海上风电场设计、建设与运行、维护工程技术人员的培训和自学教材，也可供海上风电相关领域的科研人员参考。

图书在版编目（CIP）数据

海上风电场技术/刘永前主编．—北京：电子工业出版社，2022.7
（“海上丝绸之路”可再生能源研究及大数据建设）
ISBN 978-7-121-43623-9

Ⅰ.①海…　Ⅱ.①刘…　Ⅲ.①海风-风力发电　Ⅳ.①TM614

中国版本图书馆 CIP 数据核字（2022）第 094452 号

责任编辑：柴　燕　　特约编辑：刘汉斌
印　　刷：天津嘉恒印务有限公司
装　　订：天津嘉恒印务有限公司
出版发行：电子工业出版社
　　　　　北京市海淀区万寿路 173 信箱　邮编 100036
开　　本：720×1000　1/16　印张：14.25　字数：273.6 千字
版　　次：2022 年 7 月第 1 版
印　　次：2023 年 12 月第 2 次印刷
定　　价：99.00 元

凡所购买电子工业出版社图书有缺损问题，请向购买书店调换。若书店售缺，请与本社发行部联系，联系及邮购电话：(010)88254888，88258888。

质量投诉请发邮件至 zlts@phei.com.cn，盗版侵权举报请发邮件至 dbqq@phei.com.cn。

本书咨询联系方式：(010)88254579。

前 言

提高海洋资源的开发利用能力，不仅是海洋强国的战略之一，也是海上丝绸之路国际合作的重要内容。我国海域辽阔，海上风资源丰富，海上风电开发利用潜力巨大，且靠近城市经济中心，输电距离较短。因此，海上风电在我国推动绿色低碳转型战略，实现“碳达峰、碳中和”国家目标中占据重要地位。

过去十几年，世界海上风电科技进步和产业规模都保持了高速发展势头，促进了海上风电度电成本的快速下降。从 2022 年开始，我国海上风电取消了电价补贴，迈入平价和大规模开发阶段。降低全生命周期的度电成本，成为海上风电科技进步的核心目的。海上风电场的风资源测量与评估、设计、工程建设和运行、维护等全生命周期每个环节的技术，都对降低海上风电的成本、提高效益产生重要影响。

本书系统地介绍了海上风电场的设计、建设和运行、维护的理论与技术，引入海上风电前沿技术，有利于海上风电降本增效。

本书由刘永前、韩爽、阎洁等编写。其中，刘永前编写了第 1 章和第 6 章，韩爽编写了第 2 章、第 3 章和第 4 章，阎洁编写了第 5 章、第 7 章和第 8 章。乔延辉、马晓梅、张浩、马远驰、陶涛、任晓颖、李宁、于越聪、王航宇、张永蕊、李玉浩、陈阳、郭子仪、张策等参与了部分内容的编写和修改校核工作。全书由刘永前统稿。

本书在编写过程中参考了国内外大量文献，在此谨向相关文献的作者表示诚挚的感谢。

由于作者水平有限及相关技术的快速发展，书中难免有疏漏和不足之处，恳请广大读者不吝赐教。

编　者

2022 年 5 月于北京

目录

第 1 章 绪论

1.1 概述

大力发展可再生能源已经成为应对气候变化、化石能源资源枯竭和环境污染等世界能源问题的关键措施，是人类社会和自然可持续发展的必由之路。全球风能资源丰富。近 10 年，风力发电技术进步显著，风电成本下降迅速，已成为许多国家电力系统的主力电源。

中国风电的产业规模和技术进步均处于国际一流水平。2020 年底，中国风电累计装机容量达 280GW，在电力系统中的装机占比为 12.8%。陆上风电技术趋于成熟，发电成本实现了与煤电平价竞争。在 2030 年实现碳达峰、2060 年实现碳中和的国家应对气候变化的目标中，风电将起到主要作用，成为中国未来以新能源为主体的新型电力系统的重要组成部分。

目前，中国陆上风电总装机规模已接近 300GW，优质资源日益减少，加速海上风电技术研发和产业发展，成为中国能源转型的重要方向之一。

1.2 海上风电的主要特点

相较陆上风电，海上风电具有明显的优势：

- 不占用紧缺的陆上土地资源。随着风电场规模的不断扩大，用于陆上风电开发的土地资源愈来愈紧缺。海上风电不占用土地资源，且海上具有适合大型风电工程的大片连续空间，非常适合大型风电场的建立。

- 接近负荷中心，便于电力消纳。弃风限电现象是我国陆上风电的一大顽疾，主要原因在于系统调峰能力严重不足，资源和负荷逆向分布，成为制约新能源消纳的刚性约束。海上风电接近沿海用电负荷中心，可实现就近、就地消纳，降低输送成本。
- 对居民的环境影响小。风电机组在运行时，会产生噪声、电磁波污染等。海上风电不必担心噪声、电磁波及风电机组对居民视觉的影响，海上风电机组甚至可以高速运转以提高发电效率。
- 海上风能资源丰富。海上风速高，静风期短，风电利用小时数高。研究资料表明，相对于陆上风电场，离岸10km的海上风速通常比沿岸陆上高25%；陆上风电年均利用小时数为2200小时左右，海上风电年均利用小时数可达3000小时以上。
- 海上风切变相对较小。海上粗糙度远小于陆上，导致小的风切变，可在较低的高度获得等量风速，降低风电机组的塔筒高度，节省造价和安装费用。
- 海上风波动小。海上昼夜温差和季度温差相对于陆上要小得多，使海上空气的湍流强度相对比较小。湍流强度小，可使风电机组受力变异性小，对风电机组的叶片、塔筒和基础结构的疲劳寿命较为有利。

当然，除了以上优势，发展海上风电还存在许多困难和挑战。海上风电与陆上风电在设计、安装、运行及维护等多方面有很大不同，需要造价高昂的专用设备及安装船。海上风电机组基础投资及运行、维护（运行、维护简称运维）成本居高不下。海上风电受自然环境（波浪、盐蚀、糙风、海床等）的影响，带来了一系列新的技术挑战。海上风电的规划、设计、建设、运维等技术还没有成熟，是目前国际风能科学技术研究的重点方向。

1.3　海上风电的发展现状

全球海上风电起源于欧洲，世界上第一个真正意义上的海上风电场起始于丹麦，以 1991 年投运的丹麦 Vindeby 海上风电场为标志。该风电场由 11 台 450kW 的风电机组组成，迄今已有 30 年的历史。受气候环境变化和能源低碳转型等因素的影响，海上风电产业在全球的普及程度正在不断提高。目前，全球已经有 50 多个国家和地区开始发展海上风电。据全球风能理事会（GWEC）数据统计，自 2013 年以来，全球海上风电平均每年增长 24%。全球海上风电累计装机容量已由 2011 年的 4GW 增加到 2020 年的 35GW，如图 1-1 所示。

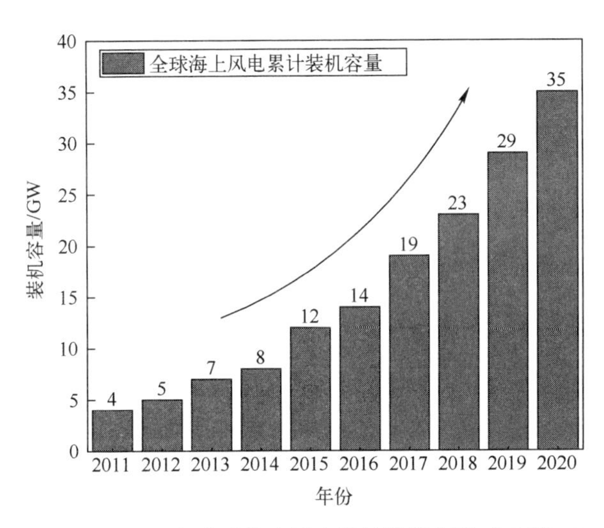

图 1-1　2011—2020 年全球海上风电累计装机容量［来源：GWEC］

海上风电的增长主要集中在英国与德国领衔的欧洲市场和以中国为首的亚洲市场，分别见表 1-1 和图 1-2。受新型冠状病毒等因素的影响，欧洲 2020 年新增约 2.9GW 的海上风力发电装机容量，比 2019 年减少了约 20%；中国则一直保持强大的增长态势；美洲（主要指北美地区）目前发展较为缓慢。不过，在全球海上风电迅猛发展的趋势下，作为新兴市场的美洲预计未来将有较大发展。

表 1-1　2016—2020 年不同国家或地区海上风电新增装机容量统计表

［来源：GWEC、Wind Europe］

国家或地区		海上风电新增装机容量/MW				
		2016 年	2017 年	2018 年	2019 年	2020 年
欧洲	英国	56	1715	1312	1764	483
	德国	849	1253	969	1111	219
	其他欧洲国家	659	228	380	752	2216
亚洲	中国	592	1161	1655	2395	3060
	其他亚洲国家	37	115	35	123	60
美洲	美国	30	0	0	0	12

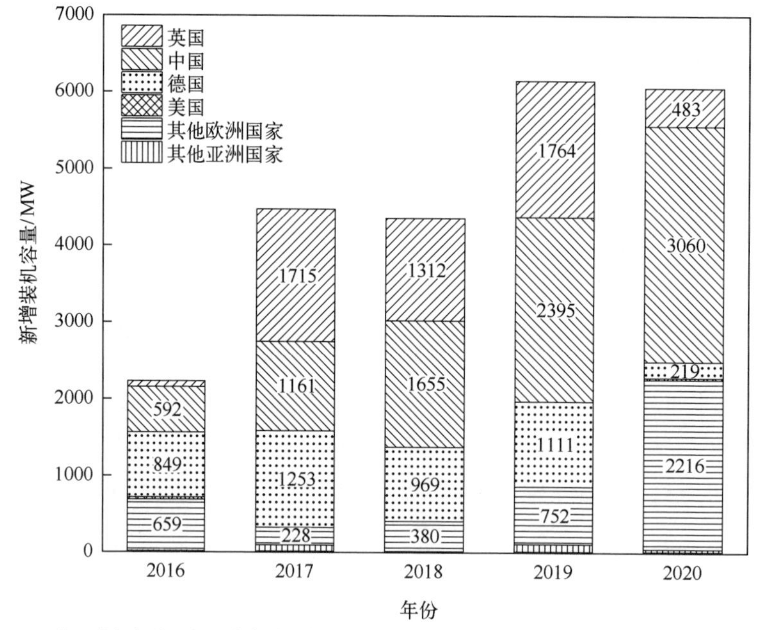

注：数据标签仅标注占整体数据条比例大于 3%的数据。

图 1-2　2016—2020 年不同国家或地区海上风电新增装机容量

1.3.1　欧洲海上风电

海上风电产业在欧洲已发展近 30 年，目前是欧洲最主要的可再生能源发电形式之一，在未来可再生能源的规划中也占有非常重要的地位。20 世纪 90 年代初，丹麦、荷兰、英国等几个欧洲国家最早开展海上示范项目，对海上风电技术的可行性进行验证。期间，海上风电整体建设规模及单机容量都较小。据统计，在 1991—2001 年，欧洲国家合计建设 9 个海上风电项目。其中，5 个项目容量低于 10MW，总投资额不超过 1 亿欧元。

2002 年，在各国政府逐渐认可海上风电的发展前景并给予多方面政策支持的背景下，欧洲海上风电步入商业化开发的上升期。期间，单个项目的建设规模平均达到 400MW，累计装机规模超过 6GW，海上风电机组进入大功率时代，平均单机功率达到 4MW，平均度电成本降至 0.69～1.29 元/kW·h，投资规模超过 20 亿欧元。

通过这些项目，先行的开发商积累了丰富的设计施工及运维经验，欧洲海上风电的度电成本逐渐下降，自 2012 年起，从政府高价买电转向电厂竞标，欧洲正式开启海上风电平价时代。目前，欧洲海上风电的度电成本已能够低于 0.5 元/kW·h。英国海上风电的招标电价下降至 0.35 元/kW·h。德国也实现了零补贴，计划在 2023—2025 年投运的欧洲项目，多数电价在 0.4 元/kW·h 以下。

根据欧洲风能协会（Wind Europe）最新发布的统计数据，2020 年，欧洲新增海上装机容量为 2.9GW：荷兰为 1493MW，比利时为 706MW，英国为 483MW，德国为 219MW，葡萄牙为 17MW。截至 2020 年底，欧洲海上风电总装机容量为 25GW，包括 12 个国家的 5402 台并网风电机组。其中，英国作为全球最大的海上风电市场，拥有 10.2GW 的海上风电累计装机容量，约占欧洲市场所有装机容量的 42%（见图 1-3）。

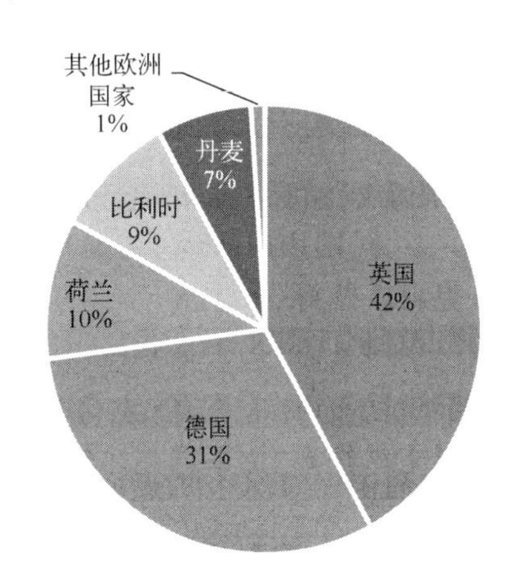

图 1-3　欧洲各国海上风电累计装机容量市场份额［来源：Wind Europe］

德国以31%位居第二，紧随其后的是荷兰（10%）、比利时（9%）和丹麦（7%）。

1.3.2　我国海上风电

相比于欧洲，我国海上风电起步较晚。2007年11月，我国第一个海上风电试验项目——中海油渤海湾钻井平台试验机组（1.5MW）建成运行，标志着我国海上风电发展取得“零突破”。2010年，我国首个、亚洲首个大型海上风电场——上海东海大桥海上风电场示范工程（100MW）并网发电，标志着我国基本掌握海上风电工程建设技术。随着设备技术逐步成熟、开发经验不断积累，在国家和地方政府层面相关政策的大力推动下，我国海上风电逐步进入加速开发期：2014年被业界称为海上风电元年，经历爆发式增长，新增装机容量达230MW，同比增长283%；2015年、2016年进入快速发展阶段，新增装机容量分别为360MW、590MW，增长率分别为57%、64%。

2016年11月，国家能源局正式印发《风电发展“十三五”规划》，提出确保2020年实现海上风电并网5GW，风电累计并网装机容量达到210GW以上，重点推动江苏、浙江、福建、广东等省的海上风电建设。由此，我国海上风电正式步入发展快车道，装机招标全面启动。中国海上风电各阶段及关键政策[1]见表1-2。

表1-2　中国海上风电各阶段及关键政策

阶　段	时　间	关键政策	主要内容或标志
示范项目	2010年之前	2006年，《可再生能源法》； 2009年，国家能源局印发《海上风电场工程规划工作大纲》	上海东海大桥海上风电场成为首个国内大型海上风电项目示范
特许权招标	2010—2014年	2010年，国家能源局、海洋局印发《海上风电开发建设管理暂行办法》	2010年5~9月，国家能源局组织国内首轮海上风电特许权项目招标
固定上网电价	2014—2018年	2014年6月，国家发展改革委发布《关于海上风电上网电价政策的通知》； 2018年5月，国家发展改革委发布《关于2018年度风电建设有关要求的通知》《风电项目竞争配置指导方案》	规定2017年投运的潮间带海上风电和近海海上风电项目上网电价分别为0.75元/kW·h和0.85元/kW·h

续表

阶 段	时 间	关键政策	主要内容或标志
竞争配置	2019年起	2019年5月，国家发展改革委发布《关于完善风电上网电价政策的通知》	2019年起，新增核准的海上风电项目应全部通过竞争方式配置和确定上网电价； 将陆上、海上风电标杆电价均改为指导价，资源区内新核准项目通过竞争方式确定的上网电价不得高于指导价

根据GWEC发布的最新数据，2020年全球海上风电新增装机容量为6.1GW。其中，我国新增装机容量约为3GW，占全球新增装机容量的一半以上。这是我国连续第三年在海上风电年新增装机容量方面居世界首位。截至2020年底，我国海上风电累计装机容量达9.9GW，成为仅次于英国（10.2GW）的第二大海上风电市场。

2011—2020年中国海上风电累计装机容量如图1-4所示。

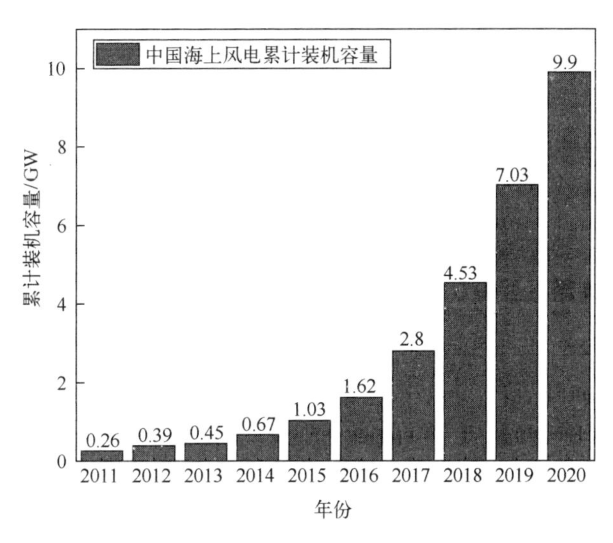

图1-4 2011—2020年中国海上风电累计装机容量

［来源：GWEC、CWEA、国家能源局］

1.4 海上风电的主要问题和发展趋势

1.4.1 海上风电的主要问题

近年来，全球海上风电度电成本大幅下降，预计到2030年，全球每年新增海上风电装机容量将在当前基础上翻5倍左右。海上风电的迅猛发展势必会突显现存问题，同时也带来了一些新问题。

① 与陆地风电相比，高湿度、高盐雾、长日照、海水、浮冰等恶劣海洋环境，必然会使海上风电面临防腐、运维等方面的技术挑战。

海上风电机组从机组、塔架到水下基础，相应处于海洋大气、浪花飞溅、潮差、全浸及海泥等区，每个区的腐蚀环境不同，腐蚀特征也不同。腐蚀海上风电机组的因素较多，选择合理的防腐蚀技术对于提高设备的运行效率和质量尤为重要。

海上风电的运维工作困难：一方面受特殊环境影响（如高湿度、高盐雾对设备的影响，天气因素对维修窗口期的影响）造成设备的可靠性差、故障率高、维修周期长、维修工艺复杂；另一方面也受到风电机组可靠性尚未充分验证、运维团队专业性还需提升、远程故障诊断和预警能力不健全等因素影响。

② 全球海上工程施工能力并未跟上海上风电快速发展的脚步，海上风电安装船短缺的问题正持续困扰全球海上风电业。

随着海上风电场逐步走向深海、远海，海上工程的物流、运输及安装过程都变得越来越复杂，对适应更大容量风电机组和技术更加精巧的海上风电安装船的需求逐步提升。然而，全球船舶业的发展现状尚无法满足上述要求。目前，全球总计约有60艘可用的海上风电安装船，其中大部分在欧洲北海和中国的部分海域作业，难以满足全球各国的需求。咨询机构 Rystad Energy 的一份最新报告显示，随着海上风电的快速发展，海上风电安装船也将在 2025 年以后出现巨大的缺口。

③ 随着各国对环境生态保护越来越重视，海上风电开发对海洋环境、海洋生物的影响受到高度重视。

首先，在海上风电项目的建设过程中，需要架设风电机组和输电电缆，前者需要采用打桩方式直接打进海底，后者在敷设过程中也可能需要深挖海沟，均将搅动海底沉积物，造成泥沙悬浮。加之在施工过程中，施工用料可能会不慎泄漏，使附近海域的水质受到污染，海洋生物在一定程度上也会受到影响，不利于海洋环境的平衡。其次，对于在这一海域繁衍、迁徙的生物，风电机组的噪声、电磁场等，可能影响相关生物的正常生存、繁衍。欧洲市场就出现过海上风电项目因选址影响了海鸟活动而被暂停的案例。

④ 提高设备可靠性、提升装备国产化水平、进而降低成本是未来我国海上风电发展面临的主要问题。

我国海上风电商业运营时间较短，国内海上发电机组面临技术缺乏有效验证、标准缺失等明显短板，与欧洲等经验丰富国家差距明显。目前，我国并网投运且商业化运营的海上风电场仍处于运营初期，质量问题频繁发生。近两年，新型大容量机组批量投运，可靠性仍需时间检验。

关键设备依赖进口、国产化率较低、造价偏高也是制约我国海上风电发展的重要因素。国内海上风电机组一般由陆上风电机组经过防腐等适应性改造后下海或引进国外成熟设备，尤其大功率海上风电机组。由于无法实现国产化，受限于规模生产和技术水平，因此国内海上风电机组造价成本较高，为 5000~8000 元/kW。

1.4.2 海上风电的发展趋势

近些年，国内外海上风电总体呈现“由小及大、由近及远、由浅入深”的发展趋势，在大规模海上风电开发的技术集成与关键装备领域进步巨大。丹麦风能研究和咨询机构预计，在中国海上风电施工速度加快、欧洲市场进一步成熟发展的推动作用下，2017—2026 年，全球海上风电产业将稳健发展，复合平均增长率将达到 16%。国际可再生能源署（IRENA）认为，更大的风电机组叶片和更复杂的漂浮式平台将使海上风电场的建设向远海延伸，以获得远海地区的更大风能和更高发电量。海上风电发展趋势可总结为以下几个方面[3,4]。

① 单机额定容量逐步增大，海上风电机组进入 10MW+时代。自 2015 年以来，风电机组额定容量一直以 16%的恒定速度增长，2020 年，风电机组的平均额定装机容量为 8.2MW。目前，世界上最大单机容量的海上风电机组是由美国通用电气可再生能源（GE Renewable Energy）发布的 Haliade-X 机型，额定容量为 13~14MW。2020 年，风电机组订单已经显示出向下一代尺寸转变的趋势，2022 年后上线项目的单机容量在 10~13MW 之间。

② 风电场规模越来越大，单体规模超过 GW（百万千瓦），规模化开发趋势明显。据 Wind Europe 统计，海上风电场规模在 2015—2020 年稳步增长，2020 年平均风电场容量为 788MW，比 2019 年增加 26%。目前，世界上最大的海上风电场为英国的 Dogger Bank 项目，共三期，每期装机容量为 1.2GW，组成 3.6GW 的超级大风电场。

③ 风电场离岸距离和水深不断增加，分别超过 100km 和 100m，深远海化趋势明显，风电巨头将争相发展漂浮式海上风电。据 Wind Europe 预计，欧洲未来十年的漂浮项目将超过 7GW。此外，亚洲深度小于 50m 的浅水海域较少，不严重依赖水深的浮式风电将得以迅速发展，特别是在日本、韩国和我

国的台湾地区。漂浮式海上风电是亚洲可以与欧洲竞争甚至超越欧洲的领域之一。

④ 竞价上网成为海上风电发展的最新模式，海上风电成本逐步下降。英国和法国从 2015 年、荷兰和丹麦从 2016 年、德国从 2017 年都开始逐步实行海上风电竞标政策。2018 年，中国国家能源局也发布《关于 2018 年度风电建设管理有关要求的通知》。通知指出，2018 年“未确定投资主体的海上风电项目应全部通过竞争方式配置和确定上网电价”，2019 年“海上风电项目应全部通过竞争方式配置和确定上网电价”。未来，只要海上风电监管框架保持稳定，海上风电产业持续增长，海上风电的成本将逐步下降。

第 2 章 海上风资源特性及测量评估

2.1 引言

我国海岸线长，海上风资源丰富。与陆地相比，由于下垫面性质不同，加上海浪和热带气旋的影响，因此海上风资源特点独特。掌握海上风资源特性是进行海上风电开发和运维的重要基础。

本章首先分析海上风资源特性及其地理分布，然后介绍热带气旋对我国海上风电的影响，最后对海上风资源的测量参数、测量仪器、评估技术及前沿技术进行了阐述。

2.2 海上风资源特性

与陆上风资源相比，海上风资源有明显的优势[5,6]：

- 平均风速大，如图 2-1 所示，由于风功率密度与风速成立方关系，因此在相同装机容量的情况下，海上风电场比陆上风电场的发电量要高，风速越大，优势越明显；
- 海面粗糙度小，风经过粗糙的地表或摩擦物时，大小和方向都会变化，海面粗糙度小，对流场的影响明显低于陆上；
- 风切变低，风切变是指风速随高度的变化，风切变越小，不同高度层的风速差越小，即使较低的轮毂高度，也可以带来不错的经济效益，低切变会减少风电机组疲劳载荷，延长风电机组寿命。

除此之外，海上风资源还具有湍流强度小、风向稳定等优点。

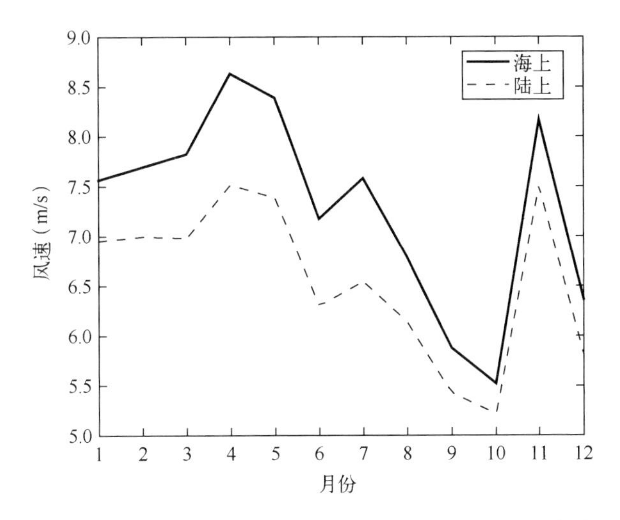

图 2-1 某地海上与陆上实测风速逐月对比图（70m 高度）

2.2.1 风随高度变化特性

风速随高度的变化情况，因地面平坦度、地表粗糙度及风通道的气温不同而有所差异。表 2-1 展示了不同下垫面的粗糙度。研究表明，由于海面粗糙度较陆地小，离岸 10km 的海上风速比岸上高 25%以上。

表 2-1 不同下垫面的粗糙度

地面情况	粗糙度	地面情况	粗糙度
光滑地面，硬地面，海洋	0.10	树木多，建筑物少	0.22~0.24
草地	0.14	森林，村庄	0.28~0.30
城市平地（有较高草地，树木极少）	0.16	城市（有高层建筑）	0.40
高的农作物，篱笆，树木少	0.20	\	\

风切变指数α用于表征风速随高度的变化程度。α大，表示风速随高度增加得快，风速梯度大；α小，表示风速随高度增加得慢，风速梯度小。表2-2展示了陆上与海上各高度下的风切变指数，所用数据为江苏省盐城市陆上与海上两座测风塔数据。可以看到，与陆上各高度下的风切变指数相比，海上风切变指数明显较小。通常在安装风电机组所关注的高度上，风速变化梯度已经很小，因此通过增加塔高的方法增加海上风能的捕获不如陆地有效。

$$v_2 = v_1 \left(\frac{h_2}{h_1} \right)^{\alpha} \tag{2-1}$$

式中，v_2——距地面高度h_2处的风速，m/s；

v_1——高度为h_1处的风速，m/s；

α——风切变指数。

表2-2　江苏省盐城市陆上与海上各高度风切变指数

高度	陆上风切变指数	海上风切变指数
70m/10m	0.215	0.093
70m/30m	0.198	0.121
70m/50m	0.169	0.091
50m/10m	0.224	0.094
50m/30m	0.218	0.141
30m/10m	0.227	0.072
整体拟合值	0.218	0.095

陆上与海上风廓线对比图如图2-2所示。

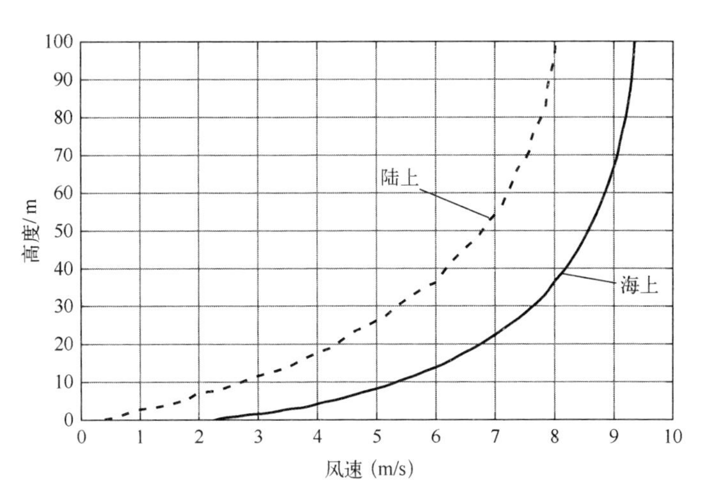

图 2-2 陆上与海上风廓线对比图

2.2.2 风的湍流特性

湍流强度描述的是风速相对其平均值的瞬时变化情况，计算方式为风速的标准方差除以一段时间（通常为 10min）风速的平均值，见表 2-3。通常情况下，海上湍流强度小于陆上湍流强度。由于海上湍流强度较陆上低，所以由风电机组转动产生的扰动恢复慢，下游风电机组与上游风电机组需要更大的间隔距离。

表 2-3 海上与陆上各高度下的湍流强度（江苏省盐城市）

高　度	70m	50m	30m	10m
陆上湍流强度	0. 113	0. 123	0. 138	0. 169
海上湍流强度	0. 073	0. 078	0. 088	0. 091
差值关系（陆上-海上）	0. 040	0. 045	0. 050	0. 078
比例关系（陆上/海上）	64. 60%	63. 40%	63. 80%	53. 80%

海上湍流强度开始时随风速增加而降低，随后因风速增大、海浪增高而逐步增加，如图 2-3 所示。除此之外，湍流强度还随高度增加而呈线性下降趋势，如图 2-4 所示。

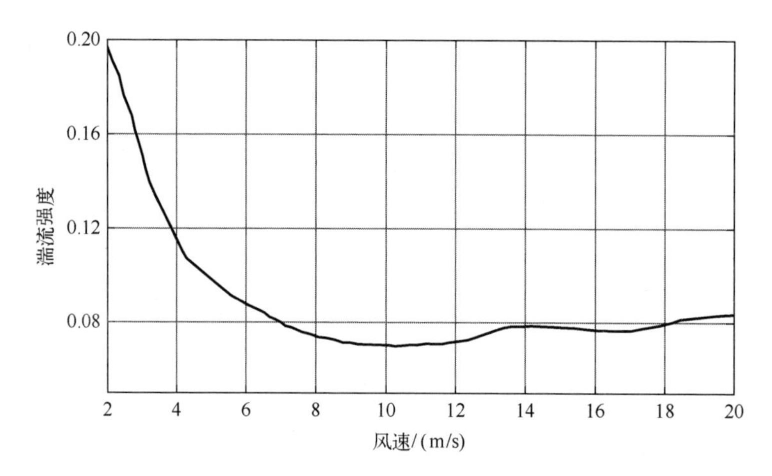

图 2-3　海上风速与湍流强度的关系

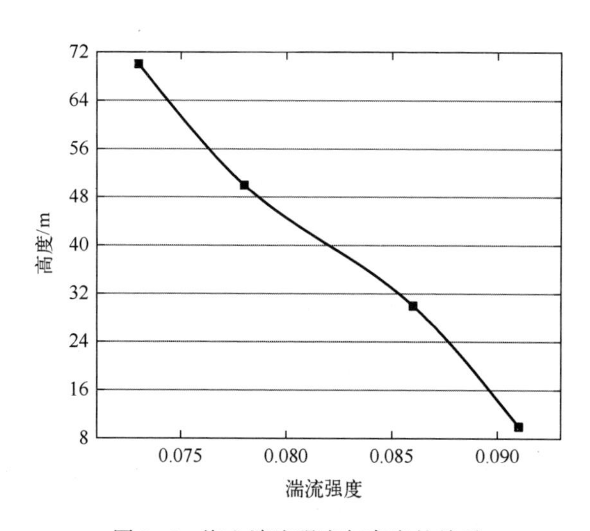

图 2-4　海上湍流强度与高度的关系

2.2.3　海上风能资源分布及特点

1. 全球气压带和风带分布

全球风带的形成与气压带的分布有着密切的关系[7]。由于地球表面接受太阳辐射不均匀，导致地球上存在高、低气压分布，就像几条带子一样相互平行地环绕在地球表面。加之下垫面性质本身的差异（包括海陆分布、大地形、地表摩擦等），形成全球的大气环流，构成全球大气运行的基本形势，也是全球气候特征和天气形势的源动力。从赤道向两极，气压带分布的排列次序为赤道低压、副热带高压、副极地低压和极地高压。各地气压高低不同，产生气压差，造成空气流动，形成与之相对应的风带。从赤道到两极，风带的分布分别是赤道无风带、东北（东南）信风带、副热带无风带、盛行西风带和极地东风带。

2. 全球海上风能资源分布规律及特点

由全球陆上及沿海平均风速可知，赤道附近基本为风速最小的区域；南北回归线附近属于信风带，风速稍大；南北半球纬度30°左右属于副热带无风带，风速相对较小；纬度更高一点的区域属于盛行西风带，风速普遍很大，如欧洲北海地区，风速较大，盛行西风；南半球纬度40°~60°之间的咆哮西风带，常年刮极强的西风；两极地区属于极地东风带，风速较大。

全球范围内的沿海地区，风能密度极高的地区包括欧洲大西洋沿岸及冰岛沿海、美加东西海岸、东北亚沿海等；风能密度较高的地区包括东南亚及南亚次大陆沿海；风能密度较低的地区主要在赤道附近。总体来看，沿海地区风能密度较大，具有较大的开发价值。全球海上风能资源分布表见表2-4。

表2-4 全球海上风能资源分布表

风速等级	地区
风速极大 （风速为8~9m/s）	非洲南端沿海
	东北亚地区沿海
	加勒比海地区岛屿沿海
	澳大利亚和新西兰沿海
	南美洲智利和阿根廷沿海
	欧洲大西洋沿海及冰岛沿海
	美国和加拿大的东西海岸及格陵兰岛南端沿海

续表

风速等级	地区
风速较大 （风速为6~7m/s）	南美洲中部的东海岸、南亚次大陆沿海及东南亚沿海
风速较小 （风速在5m/s以下）	赤道地区大陆沿海：中美洲西海岸、 非洲中部大西洋沿海及印度尼西亚沿海

3. 我国海上风能资源分布

我国海岸线长约18000km，岛屿6000多个，海域面积广阔，近海风能资源十分丰富。根据中国气象局风能资源普查结果，我国在5~25m水深、50m高度下，海上风电开发潜力约为200GW；在5~50m水深、70m高度下，海上风电开发潜力约为500GW，具备很好的海上风电开发潜能。我国近海风能资源的初步模拟结果表明，近海风能资源主要集中在东南沿海及其附近岛屿，台湾海峡风能资源最丰富，其次是广东东部、浙江近海和渤海湾中北部，相对来说，近海风能资源较少的地区分布在北部湾、海南岛西北、南部和东南近海海域[8,9]。

台湾海峡在90m高度下，年平均风速基本在7.5~10m/s之间，局部地区年平均风速可达10m/s以上，该地区也是我国受台风侵袭最多的地区之一。从台湾海峡向南的广东、广西海域，90m高度下，年平均风速逐渐降至6.5~8.5m/s之间；从台湾海峡向北的浙江、上海、江苏海域，90m高度下，年平均风速逐渐降至7~8m/s之间。位于环渤海和黄海北部的辽宁、河北海域，在90m高度下，年平均风速基本在6.5~8m/s之间。我国沿海各省（市）风资源见表2-5。

表2-5　我国沿海各省（市）风资源

省（市）	年平均风速（90m，m/s）
辽宁	6.5~7.3
天津	6.9~7.5

续表

省（市）	年平均风速（90m，m/s）
河北	6.9~7.8
山东	6.7~7.5
江苏	7.2~7.8
上海	7.0~7.6
浙江	7.0~8.0
福建	7.5~10
广东	6.5~8.5
广西	6.5~8.0
海南	6.5~9.5
台湾	7.5~10

我国海上风能资源丰富，主要受益于夏、秋季节热带气旋活动和冬、春季节北方冷空气影响[10]。在冬季，蒙古高压和阿留申低压之间的西北气流直驱南下，气流呈顺时针方向偏转，渤海、黄海盛行西北风，南黄海和东海盛行北或东北风，南海盛行东北风；在春季，作为冬季向夏季过度的季节，渤海风向较乱，黄海盛行西北风，东海、南海盛行东北风；在夏季，在大陆低压、西北太平洋副热带高压和西南季风的影响下，中国近海盛行西南风；在秋季，西太平洋副热带高压迅速减弱南撤，蒙古冷高压和阿留申低压又复出现，中国近海盛行偏北风。

2.2.4 热带气旋

热带气旋是发生在热带或副热带洋面上的低压涡旋，是一种强大而深厚的热带天气系统，在北半球沿逆时针旋转，在南半球沿顺时针旋转。产生于西太平洋、西北太平洋及其临近海域的热带气旋被称为台风（Typhoon）。产生于大西洋和东太平洋的热带气旋被称为飓风（Hurricane）。产生于印度洋和南太平洋的热带气旋被称为气旋风暴（Cyclonic Storm）或简称为气旋（Cyclone）。

我国将西北太平洋和南海的热带气旋按底层中心附近最大平均风速划分为6个等级，见表2-6。表中，风力等级为12级或以上的，统称为台风。台风是一种直径为1000km左右的圆形气旋，中心气压极低，台风中心的10~30km范围是台风眼，台风眼的天气风平浪静，风速很小。台风眼外壁天气最恶劣，最大破坏风速就出现在此。从台风眼壁往外是螺旋雨带，越往外，风速越低。

表2-6 我国热带气旋等级划分

热带气旋等级	底层中心最大风速	底层中心最大风力等级
热带低压（TD）	10.8~17.1m/s	6~7级
热带风暴（TS）	17.2~24.4m/s	8~9级
强热带风暴（STS）	24.5~32.6m/s	10~11级
台风（TY）	32.7~41.4m/s	12~13级
强台风（STY）	41.5~50.9m/s	14~15级
超强台风（SuperTY）	≥51.0m/s	≥16级

台风示意图如图2-5所示。

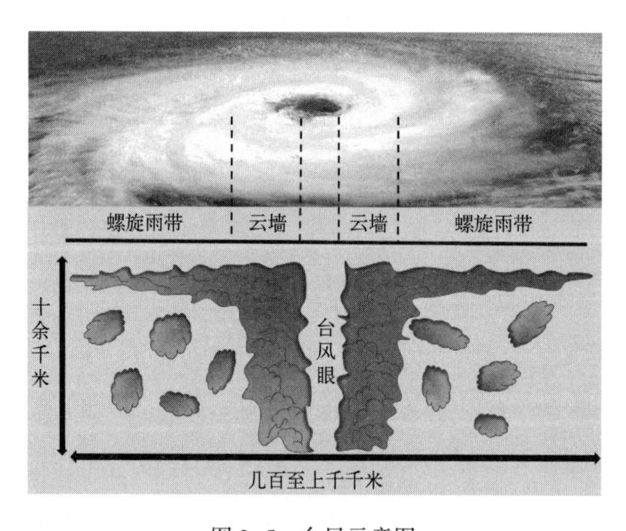

图2-5 台风示意图

在全球范围内受热带气旋影响的各海域，西北太平洋地区的热带气旋发生频率最高、强度最强，约占总数的 36%。因此在发展海上风电的国家中，中国受热带气旋影响最大，其次是美国，日本、澳大利亚和印度等也会受到不同程度的影响，欧洲基本不受影响。

我国是全球发展海上风电受热带气旋影响较大的国家，东南沿海每年夏、秋季经常受到热带气旋的影响。每年登陆我国的台风平均有 7 个[11]。其中，广东最多，约为 3.5 次，海南次之（2.1 次），台湾为 1.9 次，福建为 1.6 次，广西、浙江、上海、江苏、山东、天津、辽宁等合计 1.7 次。由此可见，台风影响的地区由南向北递减。此外，台风影响时间多为 5~9 月。

热带气旋对风力发电的影响具有双面性：一方面，强度不太强的热带气旋及其外围环流影响区域会带来大风过程，风速基本上在风电机组切出风速（25m/s）范围之内，可以使风电场较长时间处于“满发”状态，从而带来良好的发电效益；另一方面，强度较强的热带气旋，如台风，会对风电场带来极大破坏，包括风电场设备和道路的破坏等，造成经济损失。

2006 年，超强台风“桑美”在闽浙交界登陆，导致附近风电机组叶片几乎全军覆没；2018 年，超强台风“玛莉亚”正面登陆福建，造成两起风力发电设备事故：大京风电场 8 号风电机组倒塌，23 号风电机组叶片折断、地基松动，闾峡风电场 14 号风电机组塔筒折断。

为减小台风对海上风电的影响，可以从设备设计、制造和风电场设计及运行等多个方面采取相应措施和对策，最大程度地降低台风的不利影响。

2.3 海上风资源测量

2.3.1 海上风资源测量要求

海上风电场应进行长期风资源测量，测量位置应具有代表性，测量持续时间应不少于两年，主要测量要素包括风速、风向、温度及气压等。全潮水文观测期间应进行短期风速、风向的测量，测量位置根据水文测验要求确定。为风电场风功率预测提供服务的测量设施，时间、位置、精度应满足风功率预测的相关要求。

1. 测风点位置及数量

测风点位置及数量应结合风电场及其周边的影响因素，根据风电场场址形状、范围，兼顾平行与垂直海岸线两个方向的风资源变化情况和运行阶段的测量要求确定[12]，应能反映风电场区域风资源的变化。测风点位置应避开桥梁、海上钻井平台、海岛等障碍物，与障碍物的距离应大于30倍障碍物的高度。单个风电场的测风点不应少于1个。潮间带及潮下带滩涂风电场的测风点在垂直海岸线上的控制距离不宜超过5km，其他海上风电场不宜超过10km。

以平均海平面为起算基准面，测风塔的测量高度应高于预装风电机组的轮毂高度，在风电场范围内至少应有1座测风塔的测量高度不低于100m。对于高度为100m的测风塔，应在10m、50m、60m、70m、80m、90m和100m等高度分别安装风速仪进行风速测量。其中，10m、60m、80m和100m高度处应安装两套风速仪。在测风塔的10m、60m、80m和100m高度处分别安装两套独立的风向标。在10m高度附近分别安装气压计和温度计用于测量气压和温度，条件允许时，塔顶同步安装温度传感器。在10m高度处设置仪器时，应避免波浪的影响，可根据具体情况适当提高。其他高度的测风塔在设置测量高度时，可参照100m测风塔和预装风电机组的轮毂高度综合确定。

海上测风塔示意图如图2-6所示。

2. 测量参数及要求

测量参数应符合现行国家标准《风电场风能资源测量方法》GB/T 18709和行业标准《海上风电场风能资源测量及海洋水文观测规范》NB/T 31029的

相关规定：

图2-6　海上测风塔示意图［来源：海上风电网］

- 风速参数采样时间间隔应不大于3s，自动计算和记录每10min的平均风速、每10min的风速标准偏差、每10min内的极大风速及其对应的时间和方向，单位为m/s；
- 风向参数采样时间间隔应不大于3s，自动计算和记录每10min的风向值，单位为度（°）；
- 温度参数应每10min采样一次并记录，单位为°C，条件允许时，宜采用温差测量装置同步测量测风塔的温度梯度；
- 气压参数应每10min采样一次并记录，单位为kPa。

2.3.2　海上风资源测量技术

依据海上风资源数据的不同来源，海上风资源测量技术大体上可以分为海上站位观测和海上卫星遥感探测[13]。其中，气象站、浮标站、测风塔和激光雷达等属于站位观测，具有不受天气海况影响、可逐时连续监测风况等特点，是海上风资源评估所需的宝贵站点数据来源；星载微波散射计、辐射计、高度计和多孔径雷达等属于卫星遥感探测，依据海表面重力毛细波后向散射信号反演海面风况，是获取宏观海面风况的有效手段。

1. 海上站位观测

常规的用于海上站位观测的手段主要包括布设浮标、建造测风塔或在孤立的小型岛屿上建立气象站，用于对海上风况进行连续监测，数据准确度高。其中，浮标与气象站多为单层观测，测风高度一般为 10m 左右，数据仅适于近海面风电场的统计分析。在海上风电场实际建设开发过程中，往往需要垂直风廓线的测量数据，以支持如轮毂高度风速和大气湍流强度等参数指标的计算分析，进而开展风电机组选型等系列工作。建造测风塔，布设多层观测，是获取垂直风廓线的常见方式。

中国近海海洋观测研究网络东海浮标阵 10 号浮标如图 2-7 所示。

图 2-7　中国近海海洋观测研究网络东海浮标阵 10 号浮标［来源：海洋研究所］

海上测风塔的测量存在许多局限性，在通常情况下，测量限制因素较多，例如塔影效应、测量高度、传感器数量等，此外还存在造价成本高、维护成本高等。因此，站位测风遥测技术——声雷达、微波雷达和激光雷达等应运而生。这些新型的移动测风技术为解决上述问题提供了新方案，目前应用最多的是激光雷达测风技术。

激光雷达测风技术利用激光中的多普勒频移原理，通过测量光波反射在空气中遇到风运动的气溶胶粒子所产生的频率变化，获得风速、风向信息，从而能计算出相应高度的矢量风速和风向数据，有效测风高度可达 200m 甚至更高。与海上测风塔相比，激光雷达测风高度更高且成本较低（仅为海上测风塔建造成本的 40%~60%），更具便携性和移动性，已逐渐成为海上站位观测的新趋势。在修订的国际风电标准（IEC6 1400—24）中已增加了激光雷达测风方式。

海上激光雷达测风设备如图 2-8 所示。

图 2-8　海上激光雷达测风设备

2. 海上卫星遥感探测

传统的海上风电场观测手段（浮标、气象站和测风塔等）有着明显的局限性，如建设维护成本较高、无法获取大面积海面信息及受外界环境因素影响较大等，从而影响高质量数据的获取。20 世纪六七十年代，随着空间遥感技术的发展，各种星载传感器应运而生。星载传感器具有空间覆盖面广、时间连续等优势。卫星遥感探测数据的获取和卫星数据风场反演研究的不断推进，弥补了海上观测资料的不足。在过去的 10 年中，卫星遥感探测资料被广泛应用于风资源评估。

目前用于海上风电场探测的星载传感器主要有微波散射计、微波辐射计、微波高度计和合成孔径雷达等[14,15]。按工作方式，星载传感器可分为主动式和被动式两种：微波辐射计属于被动式，微波散射计、微波高度计、合成孔径雷达属于主动式。

微波散射计可用于测量海面风速、海面风向等。微波辐射计可用于测量海洋温度、海面风速、海水盐度、海面油污染、海冰厚度、面积、冰山及冰龄等。微波高度计可测量海面风速、海面高度、波高、流向、流速、波向等。合成孔径雷达可用于测量海流、海波、绘制海高图、海冰方向图及海上油污染等。星载传感器主要信息对比见表 2-7。

表 2-7 星载传感器主要信息对比

星载传感器	测量量	时间分辨率/h	空间分辨率/km	测量范围/(m/s)
微波散射计	后向散射截面	48~72	25~50	4~26
微波辐射计	辐射功率	24~48	25~50	2~50
微波高度计	脉冲延迟和波形、后向散射截面	240	6.7	2~18
合成孔径雷达	后向散射截面	24	0.5~1	12.5~40

（1）微波散射计

微波散射计通过测量海面后向散射系数间接获取海面风场。搭载在气象卫星上的微波散射仪，通过发射微波脉冲，探测返回至卫星的后向散射来测量海表粗糙度，根据与风场之间的函数关系，反演得到海上10m高度（中性条件）处的风场信息。

（2）微波辐射计

微波辐射计进行海面风场反演的算法从原理上可以分为三类：统计算法、半统计算法和物理算法。统计算法通过微波辐射计亮温和现场测量地物参数推导出经验关系式，如多元线性回归算法或改进D矩阵算法。半统计算法又称物理统计法，与统计算法的不同之处在于，回归时使用辐射传输模型仿真亮温。物理反演算法的本质是求解非线性方程组，使SSM/I测量结果与模拟的亮温差值最小。

微波辐射计和微波散射计在一天内基本上能够完成一次全球范围的对地观测，能迅速获取大范围的海面风场，所反演的风场资料被广泛用于宏观海域的风资源评估，常作为数值模拟风场预报的基础数据或进行再分析风场资料的同化数据。

（3）微波高度计

微波高度计以海面作为遥测靶，向星下点发射雷达脉冲信号，得到回波波形后，用该波形确定海面高度、有效波高、后向散射系数等物理量，通过后向散射系数等参量可反演海面风速。

采用微波高度计探测海面风速的优势在于沿轨分辨率（6km左右）远高于微波散射计（25km左右），精度（1.7m/s）也高于微波散射计（2.0m/s），劣势在于只能进行星下点探测，重复周期较长（10d及其以上）。

(4) 合成孔径雷达

图像的亮度变化效应和经验地球物理模型函数(GMF)可用于从合成孔径雷达原始图像到海面风速的反演。欧洲中期天气预报中心根据 ERS-1 上的 C 波段 VV 极化散射计和数值模式风电场数据建立了 CMOD4 模式函数,是 SAR 风电场反演中应用最广泛的地球物理模式函数。

合成孔径雷达具有最高的空间分辨率,不受云、日照及太阳光线的影响,可实现全天时和全天候成像,逐渐成为海面风电场监测,尤其近岸风电场反演的新手段。

2.4 海洋工程环境因素及观测

除需要测量风资源外,海上风电资源评估还应包括海洋水文测量和海洋地质勘察等,需要对海流、海冰、海浪及海底地质结构进行全面勘察。下面分别就海流、海冰、海浪的基础概念和主要观测方法及观测要求进行介绍。

2.4.1 海流

近海海流通常分为潮流和非潮流。潮流是海水受天体引潮力作用而产生的海水周期性的水平运动。非潮流可分为永久性海流和暂时性海流。永久性海流包括大洋环流、地转流等。暂时性海流是由气象因素变化引起的,如风海流、近岸波浪流、气压梯度流等。

1. 海流的组成与分类

海流为矢量。海流的方向是指流去的方向,以度(°)为单位,正北为 0,按照顺时针计量。流速是指单位时间内海水流动的距离,以 m/s 或 kn

（节）为单位，lkn＝1.852km/h。

海水流动有周期性和非周期性之分，取决于形成海流的原因。海流成因中对海洋工程关系密切的主要有 3 种：第一种是由潮汐现象引起的潮流，是周期性的；第二种是作用于广阔海面上的风力使海面产生漂流，又称风海流；第三种是由于广阔海面受热或受冷，蒸发或降水不均匀而引起的海水温度、盐度乃至密度的分布不均而形成的密度流。下面主要介绍与海岸工程密切相关的潮流和漂流。

潮流与潮汐相对应，存在半日潮流、日潮流、混合潮流。由于海底地形与海岸形状不同，潮流现象要比潮汐现象更加复杂。涨（落）潮时海水的流动被称为涨（落）潮流。潮流不仅流速具有周期性，流向也具有周期性。按照流向来分，潮流有两种流向，分别为旋转流和往复流。

旋转流一般发生在外海和开阔海区，是潮流的普遍形式。由于地球自转和海底摩擦的影响，潮流往往不是单纯地形成往复流动，流向不断地发生变化，如图 2-9（a）所示。往复流常发生在近海岸狭窄的海峡、水道、港湾、河口及多岛屿的海区。由于地形的限制，致使潮流主要在相反的两个方向变化，进而形成海水的往复流动，如图 2-9（b）所示。

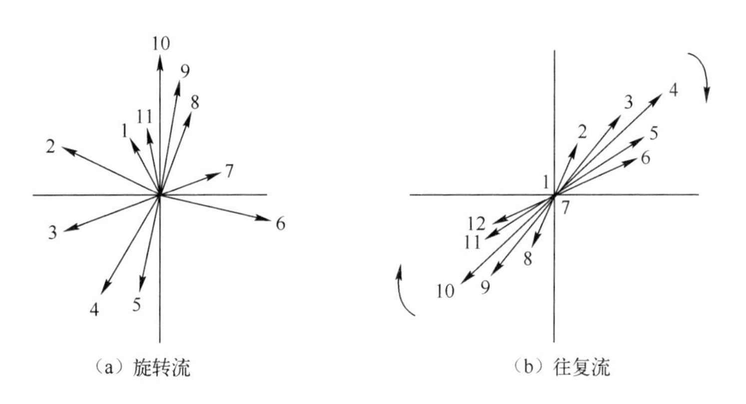

图 2-9　潮流两种流向

漂流是由风和海水表面摩擦作用引起的，流向受地球自转惯性力的影响，在北半球偏于风向的右方，在南半球偏于风向的左方，海水表面摩擦使得表层海水运动的能量逐渐向深层传递。

艾克曼（V. W. Ekman）在20世纪初提出了漂流理论用于研究漂流。该理论的两个假设为：漂流发生在广阔的大洋或离岸甚远的大海；大洋深度是无限的，至少有足够的深度以便使稳定的风向、风力能引起恒定的漂流。漂流理论主要归纳为以下结论：

（1）表层漂流的方向在北半球偏于风向右45°，在南半球偏于左45°。这种偏转不随风速、流速、纬度的改变而变化。

（2）表层流速与风速的经验关系为

$$v_0=\frac{0.0127}{\sqrt{\sin\varphi}}U \tag{2-2}$$

式中，U——风速，m/s；

φ——纬度，°。

在垂直方向上，漂流流速随水深的增加迅速减小。当水深无限时，深度 z 处漂流流速 v 的复数表达式为

$$v=v_0\exp\left[-\pi\frac{z}{D}-i\left(\frac{\pi}{4}-\pi\frac{z}{D}\right)\right] \tag{2-3}$$

式中，D——摩擦深度，m。

2. 海流观测

海流的主要观测要素为流速和流向，需要观测的辅助量为水深、短期风速、风向，以便更详细、更真实地了解海洋环境特征。观测方法主要有船舶锚碇测流、锚碇潜标测流、锚碇明标测流等。常用的测流仪主要有直读海流计、安德拉海流计及声学多普勒测流仪等。

海流观测数据应使用专用软件进行处理：首先对原始采集数据进行合理

性检查；然后计算出各观测层次的流速，并将处理结果按规定格式存入数据文件，按仪器的技术性能和测区的磁偏角进行流向修正；最后绘制海流的时间序列矢量图和垂直分布图。

2.4.2 海冰

海冰是海水在寒冷季节气温降至冰点以下后逐步由液态转化为固态的产物，同时伴随着海水中盐分的析出。海冰的破坏作用巨大。在重冰年，海冰可封锁海湾和航道、毁坏过往船舶、推垮海洋建筑物，构成严重的海洋灾害。海冰对海洋工程建筑物的作用力是寒冷海域工程设计的主控载荷之一，建筑物受到的海冰作用力不仅取决于建筑物的尺寸和结构形式，而且与海冰的物理力学特性密切相关。

1. 海冰的结构与类型

海冰是海上出现的所有冰的总称，包括由海水直接冻结而成的冰和源于陆地的淡水冰（河冰、湖冰和冰川冰等）。海冰一般由固态的水（纯水）、多种固态盐和浓度大于原生海水浓度而被圈闭在冰结构空隙部分的盐水包组成。在纯冰形成过程中，海水中的盐分被析出并转移至下方。盐水包是造成在相同温度下海冰强度低于淡水冰强度的主要原因。尽管冰是一种晶体材料，但单个冰晶体的外形和尺寸相差很大，形状上可能呈片状、板状或柱状，尺寸可为 1mm 至几厘米不等。当冰晶格有序排列时，冰的变形和强度通常是各向异性的。

冰是由氢离子和氧离子组成的六方形晶体。晶体与晶体之间的排列随着冰冻过程的发展而变化。海冰在形成过程中经历多种变化阶段，呈现不同的状态特征。处于不同结冰时期的海冰具有不同的结冰特点。根据不同的分类依据和标准，海冰可以分为各种类型。通常采用的海冰分类依据包括成长过程、表面特征、晶体结构、运动形态、密集程度和融解过程等。不同分类依据所包含的海冰类型见表 2-8。

表 2-8　不同分类依据所包含的海冰类型

分类依据	海冰类型
成长过程	初生冰、尼罗冰、冰皮、莲叶冰、灰冰、灰白冰、白冰等
表面特征	平整冰、重叠冰、堆积冰、冰丘、冰山、裸冰、雪帽冰等
晶体结构	原生冰、次生冰、层叠冰、集块冰等
运动形态	大冰原、中冰原、小冰原、浮冰区、冰群、浮冰带和浮冰舌等
密集程度	密结浮冰、非常密集浮冰、密集浮冰、稀疏浮冰、非常稀疏浮冰、无冰区等
融解过程	水坑冰、水孔冰、干燥冰、蜂窝冰、覆水冰等

2. 海冰观测

海冰观测主要包括浮冰观测和固定冰观测。浮冰观测的主要要素为冰量、密集度、冰型、表面特征、冰状、漂流方向和速度、冰厚及冰区边缘线。固定冰观测的主要要素为冰型、冰厚和冰界。海冰的辅助观测要素为海面能见度、气温、风速、风向及天气现象。

海冰观测宜在调查船上进行，船到站后即开始观测。船上观测海冰的位置，应尽可能选在高处，观测对象应以 2 倍船长以外的海冰为主，以避免船对海冰观测造成影响。

2.4.3　波浪

波浪是海水运动的形式之一，是海水在外力、重力与海水表面张力共同作用下的结果。由不同外因引起波浪的周期和波幅均不相同。1965 年，有学者根据波浪周期，结合主要扰动力和恢复力划分波浪的类型，并给出能量近似分布，如图 2-10 所示。波动周期最短的为毛细波。周期大于 5min 的长周期波起因于地震、海啸或风暴。能量分布最显著的为周期处于 1～30s，特别是 4~16s 范围内的重力波，在海洋工程中占据重要地位，是海洋建筑物需要考虑的主要波浪载荷。

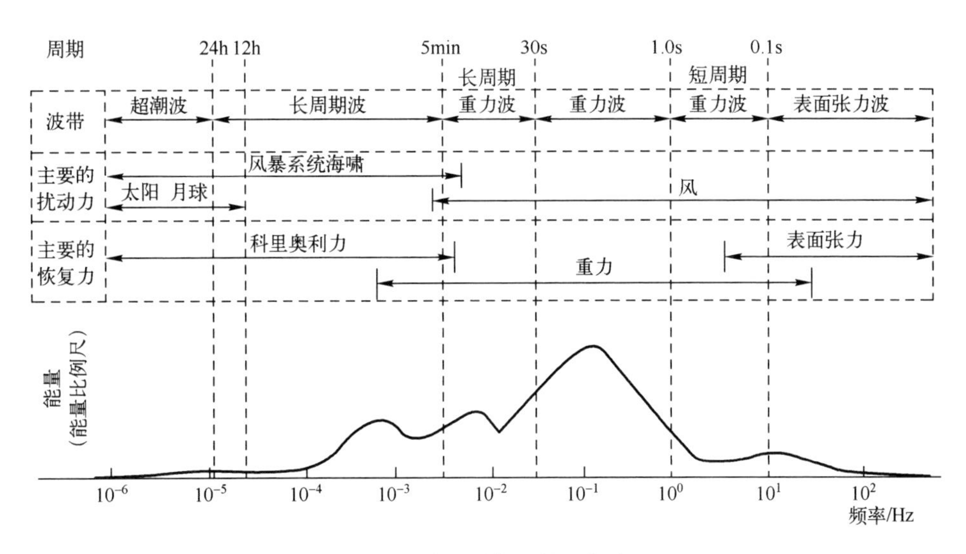

图 2-10　波浪周期、能量与类型

对于由风引起的重力波，是风浪、涌浪和近岸波浪的总称。风浪主要是指由风直接作用下产生的波浪。涌浪是指风停止、转向或离开风区传播至无风水域的波浪。涌浪传播至浅水区，由于受到水深和地形变化的影响，因此发生变形，出现波浪的折射、绕射和破碎，形成近岸波浪。

波浪随时间的变化曲线如图 2-11 所示。

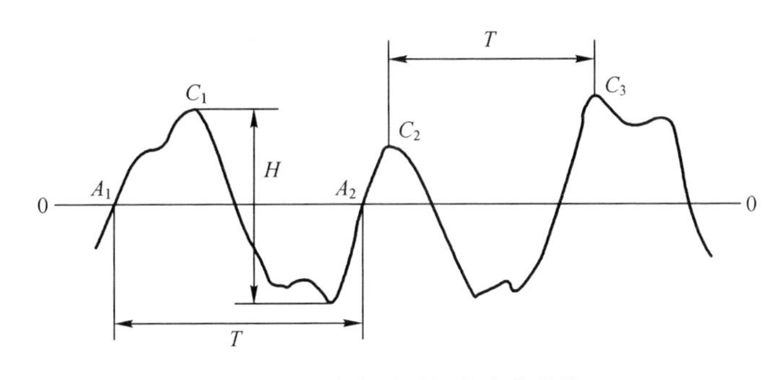

图 2-11　波浪随时间的变化曲线

波浪的主要观测要素为波高、波周期、波向、波形和海况，辅助要素为风速和风向，通常采用声学测波仪、重力测波仪及压力式等带波向的测波仪。

波浪记录以模拟曲线的形式给出，在波浪连续记录中量取相邻两上跨（或下跨）零点（图 2-11 中的 A_1、A_2）间一个显著波峰与一个显著波谷之间的铅直距离作为一个波的波高，即 H，量取相邻两个显著波峰（图 2-11 中的 C_2、C_3）或两个上跨零点的时间间隔作为一个波的周期 T，根据有效波周期定义，计算有效波高和有效波周期。选取所有波高中的最大值为最大波高，所对应的周期为最大波周期。表 2-9 为各海洋水文要素的观测方式和时间要求。

表 2-9　各海洋水文要素的观测方式和时间要求

水文要素	测站类型	观测方式	时间要求
海流	海流长期测站	连续观测	不少于 1 年，并与海上风电场的测量同步
波浪	波浪长期测站	连续观测	不少于 1 年，并与海上风电场的测量同步
海冰	海冰测站	大面观测	结冰期

2.5　海上风资源评估

从风能角度来看，风资源最显著的特性是变化性。风受地理环境和时间因素的影响很大。风速与可利用能量之间的立方关系更加突出了风资源的重要性[16]。海上风资源评估是确定海上风电发展规划和完成海上风电场工程建设的首要前提。评估风资源的目的主要是掌握风资源，为确定风电机组选型及风电场微观选址、计算风电场发电量提供依据，便于对整个项目进行经济技术评价。本节首先介绍测风数据处理和风能分析，然后介绍风资源评估的相关内容。

2.5.1　海上风资源评估一般步骤

1. 测风数据处理

为了保证海上风资源评估结果的可靠性，首先对测风数据进行完整性和合理性检验，检验方法及参考值应符合现行国家标准《风电场风能资源评估方法》GB/T 18710 的相关规定。对不合理及缺测数据，应按照以下方式处理：

- 以缺测数据同塔的其他观测层数据为参证数据，如果同塔其他高度层风速也不合理，那么应该选取位于缺测点附近，地形特征相似的观测点相同高度层的记录作为参证数据；
- 对测风点同一高度设置的两套风速数据进行塔影影响分析；
- 对冰冻时段数据也应进行分析处理，不应直接删除。

2. 风资源特征值计算

根据第一步处理完成的数据，计算各测风点在不同高度下逐月和年的平均风速、风功率密度、湍流强度，以及各测风点年有效数据完整率和风切变指数、空气密度、风向风能分布、威布尔分布参数等，计算方法应符合现行国家标准《风电场风能资源评估方法》GB/T 18710 的规定。

3. 代表年分析

风资源特征值计算完成以后，分析风电场周边长期测站的基本情况，选定具有代表性的参证测站，根据选定的参证测站测风资料，分析现场测风点实测时段在长时间序列中的代表性，将风电场代表性测风点处理后的观测数据进行多年代表性修正。

当风电场周边无长期测站或长期测站不具有代表性时，可以采用再分析数据进行多年代表性分析，选定的再分析数据应与测风点对应同期风速日、月、年变化趋势一致，且相关性较好。

在对海上风资源评估的研究中，全球再分析数据主要由美国国家环境预报中心（NCEP）、欧洲中期天气预报中心（ECWMF）、美国国家航空航天局（NASA）及日本气象局（JMA）等提供。

4. 风资源空间代表性分析

根据测风点分析成果，结合风电场的位置、范围等因素，分析测风点对风电场风资源的代表性，模拟计算风电场区域的风资源分布，分析测风点风速、风向、风切变、湍流强度水平、风功率密度随高度的变化。

5. 风资源评估

利用订正后的数据计算海上风电场风资源评估所需要的各项参数，包括轮毂高度，年、月平均风速，风功率密度，风速频率分布，风能频率分布，风向频率和风能密度方向分布，风切变指数和湍流强度等，并绘制各种风况参数图表。计算方法应符合现行国家标准《风电场风能资源评估方法》GB/T 18710的相关规定。

风功率密度蕴含风速、风速频率分布和空气密度的影响，是风电场风资源评估的综合指标。海上风电场风功率等级见表2-10。使用时，应注意表2-10中风速参考值依据的标准条件与风电场实际条件的差异。

表2-10　海上风电场风功率等级

风功率密度等级	50m高度		70m高度		80m高度		90m高度		100m高度	
	风功率密度（W/m^2）	年平均风速（m/s）	风功率密度（W/m^2）	年平均风速（m/s）	风功率密度（W/m^2）	年平均风速（m/s）	风功率密度（W/m^2）	年平均风速（m/s）	风功率密度（W/m^2）	年平均风速（m/s）
1	<200	5.6	<230	5.8	<240	5.9	<250	5.9	<260	6.0
2	200~300	6.4	230~340	6.6	240~350	6.7	250~360	6.8	260~380	6.9
3	300~400	7.0	340~440	7.2	350~460	7.3	360~480	7.4	380~500	7.5

续表

风功率密度等级	50m 高度		70m 高度		80m 高度		90m 高度		100m 高度	
	风功率密度（W/m²）	年平均风速（m/s）	风功率密度（W/m²）	年平均风速（m/s）	风功率密度（W/m²）	年平均风速（m/s）	风功率密度（W/m²）	年平均风速（m/s）	风功率密度（W/m²）	年平均风速（m/s）
4	400~500	7.5	440~550	7.8	460~570	7.9	480~590	8.0	500~610	8.0
5	500~600	8.0	550~660	8.3	570~690	8.4	590~710	8.5	610~740	8.6
6	600~800	8.8	660~880	9.1	690~920	9.2	710~950	9.3	740~980	9.4
7	800~2000	11.9	880~2180	12.3	920~2270	12.5	950~2350	12.6	980~2430	12.8

注：① 不同高度的年平均风速参考值是按风切变指数为 0.10 推算的。
② 与风功率密度上限值对应的年平均风速参考值，按海平面标准大气压及风速频率符合瑞利分布的情况推算。

2.5.2　风资源评估不确定性分析

海上风资源评估的可靠性并非完全取决于观测数据质量和数值模拟技术，不确定性还与许多因素有关：首先，风参数在计算过程中本身就含有多种误差源；其次，在数值模式模拟中，初始边界条件的选取、物理过程的参数化、嵌套方式及分辨率的设置等均会引入不确定性误差源。

在诸多不确定因素中，风速长期变化是风资源评估不确定性的主要因素，也是风电投资风险分析中最不稳定的一个因素。虽然使用长年观测资料可获取研究区域风速的长期变化，但这种以历史数据获得的评估结果并不能充分代表未来风资源的变化趋势。

因此完成基本的海上风资源评估以后，还需要分析不确定性对海上风资源评估结果的影响，以判断海上风资源评估结果的可靠性。目前，海上风资源评估的不确定性分析包括风速测量、代表年分析、气候变化、风切变计算、风资源空间分布模拟等。此外，还应对风资源评估不确定性因素进行分析，估算不同概率下的风资源评估结论。

2.6 海上风资源前沿技术

2.6.1 海上风资源评估数值模拟技术

海上风电正逐渐朝着规模化、深远海化、平价化趋势发展。面对广阔的发展前景，海上风电开发建设所面临的技术挑战仍不容小觑[17]。相比于陆上风电，海上水文气象观测数据缺失及海上观测成本高、难度大等因素进一步提高了海上风资源评估的技术难度。本节着重介绍目前海上风资源评估数值模拟前沿技术。

目前，风电行业主要应用的建模方法包括线性模型、计算流体力学（Computational Fluid Dynamics，CFD）模型、中尺度气象模式等。相对于线性模型，CFD 模型采用更符合大气边界层的湍流闭合方案，可以考虑如大气稳定度等更多的大气物理特性，具有更强的扩展性[18]。现有的模型与软件主要是围绕陆上环境开发的，在海上风电场开发中的适用性有待研究。海上观测手段的变化也给风能评估模型与软件的资料同化过程提出了更高的要求。因此，研究适用于海洋环境的资源评估和规划设计软件是海上风电技术发展的重要方向。

1. 多尺度嵌套模型

自然界中的风场具有多时空尺度的变化特性，不同尺度的风场变化对风电场的影响存在差异。美国国家可再生能源实验室于 2019 年在国际顶级期刊 *Science* 上发表的研究综述指出，提高对大气物理过程和风电场不同尺度流场特性的认识是风能研究和发展中主要面临的挑战之一。其中将中尺度与小尺度模式嵌套使用，能够有效解决单一尺度模型适用性不足的问题，是海上风资源数值模拟技术的发展趋势[19]。大量研究结果表明，中、小尺度嵌套模式的风场模拟效果要比单独使用其中一种模式的效果更好，尤其是在近海岸。目前基于中、小尺度嵌套的风资源评估模型虽然有一些研究和应用，但距离在海上风电领域进行大规模的推广应用还有一定的差距。如何改善中尺度气象模式的模拟准确性、解决不同尺度模型的配适问题、提高嵌套模型的运行效率是未来需要解决的主要问题。

2. 海气耦合模型

传统的风资源评估建模方法仅将海洋作为模型的一种下垫面粗糙度类型，忽略海气相互作用的影响，从而影响海上风资源评估数值模拟的准确性。已有的研究表明，海表的波浪特性和热力学特性能够显著影响海上大气边界层的风剖面和湍流结构。近年来，包含大气、海洋、海冰和陆面等多分量的耦合预报系统已经成为国内外大气海洋业务预报中心的主流数值预报系统。海气耦合模型能够有效提高海上风电场模拟预报的精度，提供一体化的海洋水文气象信息，服务于海上风电资源与环境的综合评估。随着计算能力的不断提升，海气耦合模式将在海上风电资源领域发挥越来越重要的作用。如何提高海气耦合模型在海上风电中应用的准确性和适应性，丰富应用场景，是未来的研究重点。

2.6.2 GNSS-R 海面风场反演技术

上面介绍的数值模拟往往受资料与运算量的限制，研究时间范围一般较短。随着遥感技术的发展，对卫星数据风场反演研究不断推进，弥补了海上观测资料的不足，使利用卫星遥感数据进行近海风资源评估成为可能[20]。

全球导航卫星系统反射（Global Navigation Satellite System Reflections，GNSS-R）技术是近年来兴起的新型遥感手段，由全球导航卫星系统（Global Navigation Satellite System，GNSS）发展而来。GNSS 成员包括美国的全球定位

系统（GPS）、俄罗斯的格洛纳斯卫星导航系统（GLONASS）、欧盟的伽利略卫星导航系统（GALILEO）和中国的北斗卫星导航系统（BDS），如图 2-12 所示。

图 2-12　GNSS 组成

GNSS-R 技术利用导航卫星 L 波段信号的反射信号作为遥感源，具有全天时、全天候的遥感能力。此外，L 波段频率受降雨影响小、成本低，不需要额外的发射机，接收机功率小、轻便，覆盖范围广。与微波散射计、微波辐射计、微波高度计、合成孔径雷达等单一传感器获取海面风场相比，GNSS-R 技术信号来源丰富，弥补了传统测量方法的缺陷，为海面风场反演提供了一种新的海风观测手段。

GNSS-R 技术进行海面风速反演时，传统方法主要有波形匹配法和经验函数法[21]。波形匹配法是利用理论相关功率波形与实测相关功率波形，采用最小二乘法进行匹配反演风速。经验函数法主要是构建单一特征参数与风速之间的函数关系，并将此函数关系应用于风速反演。两种方法都存在一定的弊端：波形匹配法需要建立大量的理论波形数据库，需要占用大量的内存空间，计算复杂，操作繁琐；经验函数法往往只使用到极少数与风速相关的物理量，忽略其他与风速相关的因素，损失一定的反演精度。

针对传统方法存在的不足，目前，在对前沿技术的研究中多引入神经网络等机器学习算法进行修正，提出基于神经网络等的 GNSS-R 海面风速、风向反演方法[22]。

现有研究已验证了神经网络方法具备建模时间短、反演速度快、精度高等特点，推动了机器学习算法在 GNSS-R 海面风场遥感领域的应用研究。除了海面测高、海面风场，GNSS-R 技术还广泛应用于海冰动态监测、海洋溢油探测、土壤湿度探测等方面。

第3章 海上风电场设计

3.1 引言

海上风电场设计是风电场能否安全经济运行的重要前提。与陆上风电场相比，海上风电场的开发涉及海事局、海洋局、国防、军事、海底电缆（简称海缆）、渔民等，限制因素繁多。海上风电场的影响因素除了气象因素，海洋水文等条件也是海上风电场设计时必须要考虑的问题。海上风电场设计寿命长达25~30年，运行环境更为恶劣。因此，海上风电场设计更为复杂。

本章将结合陆上风电场的设计规则，考虑海上风资源特性和各种限制因素，系统论述海上风电场设计的各个环节，主要内容包括海上风电场宏观选址、微观选址、电气系统设计、风电机组与升压站基础设计及技术经济性评价等。

3.2 海上风电场宏观选址

3.2.1 基本概念及流程

海上风电场宏观选址作为海上风电开发的关键环节之一，是针对特定范围的目标区域，通过详细调研区域风资源、自然环境、海床地质、并网条件、交通运输及制约条件等关键因素，确定海上风电场建设地点、开发价值和开发策略的过程。海上风电场宏观选址结果决定着企业能否获取经济效益，是海上风电场投资决策的关键依据。

海上风电场宏观选址工作流程包括发展规划研究、开发协议签订、宏观选址资料收集、宏观选址现场踏勘、宏观选址报告编制及宏观选址报告审查等。

1. 发展规划研究

在海上风电场宏观选址工作中，要认真研究国家和地区海上风电发展规划及用海管理意见，持续跟踪海上风电规划及项目的动态进展，详细调查海上风资源分布状况，在风资源丰富地区初步拟定可开发海区。

2. 开发协议签订

在初步拟定可开发海区后，积极与地方政府及各主管单位沟通，报送并开发请示，争取资源配置承诺和开发权；与地方政府达成初步开发意向后，编制海上风电场开发协议（包括拟开发海区坐标、范围及装机规模，测风塔的设立位置，拟开工的时间和地方政府需配合的工作等），同时报送公司规划发展部和政府主管部门审定，由公司与地方政府签订海上风电场开发协议。

3. 宏观选址资料收集

在宏观选址前，需要收集拟开发海区的相关资料，并将其作为下一步工作开展的依据，主要包括海洋功能区划、气象水文资料、电力系统规划文件、海底地形图、周边海域航道规划资料、周边港口码头规划资料、军事设施分布图、海洋自然保护区、矿产分布图、渔业资源分布图、养殖区域分布图、旅游保护区、环境敏感点资料、周边城市规划资料、海底管线分布图、周边文物调查资料、海上风电场规划资料等。

4. 宏观选址现场踏勘

在宏观选址现场踏勘前，需要根据收集到的相关资料，初步布局海上风电场的场址，如确定场址面积、风电机组布局和海底电缆线路等，由业主邀请地方相关部门人员到拟选场址进行实地勘察。

- 气象水文勘察：通过收集和分析当地气象数据、观察邻近海岸植被和地形情况、向当地居民了解海上风力情况、现场人工测风等多种手段，初步判断场址的风资源，确定海上测风塔坐标点位，并现场测量波浪、潮汐和海流等数据，用于计算风电机组基础等水下建筑物的水动力载荷。
- 水深勘察：采用声呐计全面测量海上风电场的场址，拟定送出海底电缆路线及其周边区域水深，绘制等水深地图，为微观选址和送出线路设计提供依据，对于部分重要区域采用小间隔纵横交错的声呐探测，对于偏远地区采用大间隔声呐探测。
- 地质勘察：收集场址各处的海底表层土壤数据，并进行海底钻孔勘察，了解海底地质情况，打孔深度一般为20~40m，打孔采用壳钻或螺旋钻探，打孔网络根据当地具体情况确定，针对30~40m打孔深度，可采用自升式钻塔平台钻机。
- 颠覆性因素排查：现场了解场址附近渔业资源、海洋自然保护区、海底管线分布图、周边海域重要航道、矿产分布、旅游保护区、军事设施分布区等项目开发颠覆性因素。
- 开发规模确定：初步了解可供开发的场址面积，确定海上风电场开发规模。

5. 宏观选址报告编制

在现场踏勘完成后，综合分析气象水文条件、水深条件、海底表层土壤和地质条件、颠覆性因素及其他建设条件等，剔除不具备建设条件的备选场址，拟定可供开发的备选场址，编制海上风电场宏观选址报告。

6. 宏观选址报告审查

海上风电场宏观选址报告编制完成后，邀请相关专家对报告进行评审，根据评审意见，最终确定将要开发的海上风电场场址。

3.2.2 基本原则

海上风电场宏观选址需要遵循的基本原则如下[23]：

- 具有丰富的风资源；
- 具有较好的海洋水文、地质、接入系统及交通运输等建设条件；
- 应遵守双十原则，即风电机组布局在离岸距离不少于10km、滩涂宽度超过10km时，海域水深不得少于10m；
- 满足海洋功能区划要求，在海域使用管理中，一般鼓励非功能类型用海项目与海洋功能区兼容发展，与海洋功能区划有冲突时应进行调整；
- 需要与城市规划、岸线利用规划及滩涂规划等相协调；
- 符合生态环境保护要求，尽量减少对鸟类、养殖业和自然保护区的影响；
- 应避开主航道、锚地及禁航区，尽量减少对航路的影响；
- 应避开通信、电力及油气等海底管线的保护范围；
- 应避开军事设施涉及的范围；
- 侧重规模化开发，避免分散接入电力系统。

3.2.3 海上风电场宏观选址影响因素

海上风电场宏观选址受到社会条件、自然条件、环境条件及规划条件等诸多因素的影响。

1. 社会条件

海上风电场宏观选址必须对并网条件和交通运输条件进行分析和评估。

（1）并网条件

根据当地电网容量、电压等级、电网架构、负荷特性及建设规划，合理确定海上风电场建设规模和开发时序，尽量靠近相应电压等级的变电站或电网，减少线路损耗和线路建设投资。

（2）交通运输条件

海上风电场建设应考虑现有港口、主要公路、次要公路、铁路及海上航线等具体状况，考虑现有港口是否满足风电机组零部件、升压站及配套设备等大型设备的存放需求，现有道路和海上航线是否满足大型设备交通运输的便利性和经济性，避免新增道路投资。

2. 自然条件

（1）风资源条件

风资源是海上风电场选址需要考虑的首要因素，依据场址平均风速、风频、盛行风向、风功率密度及年风能可利用小时数等指标评估风资源可开发价值。海上风电场场址既要风资源优良、风力稳定，又要避开台风活动区域，且需考察可开发规模，避免分散接入电力系统，满足投资回报要求。

（2）气象和海况条件

根据海区主要气候要素特征，如气温、大气湿度、风、云、能见度、海浪、海雾及气压等，评估场址多年常见的异常天气状况，如台风、风暴潮、海啸及雷雨等是否符合海上风电场建设和运行标准。海况条件主要包括海温、盐度、海浪、海流及海冰等，应尽可能保证海况条件良好，减小不利海况条件对风电机组、升压站机体及基础的直接或间接损害。

（3）水深和地质条件

大多数国家将水深 15m 划为浅海，已建成海上风电场的水深大部分小于

10m，太浅不利于运输，以水深为5~10m较好。国家能源局和国家海洋局联合印发了《海上风电开发建设管理暂行办法实施细则》，其中对风电场的选址进行硬性规定，即“海上风电场原则上应在离岸距离不少于10km、滩涂宽度超过10km时海域水深不得少于10m的海域布局”。地质条件主要包括地震烈度和区域地质两部分。地震类型及活跃程度直接影响海上风电场的设计，需要采用特殊的基础结构。场区地形地貌、地基土的构成与特征是影响基础投资的重要因素。地基土以砂基为好，淤泥质地基将大大增加基础工程量。

3. 环境条件

（1）水动力及泥沙冲淤影响

海上风电场工程建设一般会引起附近海水平均流速变化，导致工程区附近潮流场发生改变，引起工程区海域冲淤环境变化，尤其对海上风电场桩基周围泥沙冲刷的影响，形成冲刷坑，不利于桩基的稳定。因此，选址时应考虑工程建设后的水动力和泥沙冲淤变化的影响。

（2）生态环境影响

海上风电场的施工将会影响部分渔民的养殖活动。风电机组的电磁辐射会令海洋生物及鱼类产生迷途。海底电缆管沟的开挖和风电机组的基础打桩将导致悬浮泥沙扩散，引起部分水域水质污染，造成部分浮游植物死亡。在海上风电场施工期间，机器噪声、灯光及电磁场会对鸟类的觅食和繁殖与迁徙造成影响。因此，场址选择必须严格遵守《中华人民共和国海洋环境保护法》，尽量减少对鸟类、渔业和自然保护区的影响。

4. 规划条件

（1）避开已有工程用海范围

海上风电场的场址应避让已有工程用海，如港口、锚地、航道、习惯航路、规划围垦区、军事限制区、海洋自然保护区、矿产资源利用区、渔业和养殖区、旅游保护区、海底管线（通信、电力及油气等）及其他已明确的特殊用海等。

（2）满足国家和地区相关规划要求

海上风电场的场址应满足海洋功能区划、区域（岸线）发展规划、城市建设规划、滩涂开发利用规划、区域电网建设规划、海洋环境及生态保护规划等要求，符合国家海洋主管部门对海上风电场开发的相关要求。

3.3 海上风电场微观选址

3.3.1 海上风电场微观选址基本概念及流程

海上风电场微观选址即海上风电机组点位的选择确定，是从风资源和建设条件两个角度对风电机组排布方案进行综合技术经济性对比，在排除港口、锚地、航道、矿产、军事限制、海洋自然保护、渔业养殖、旅游保护、海底光缆、海底管线（通信、电力及油气）、噪声等敏感制约因素的基础上，对可选点位的风资源条件、机型适用性、建设条件及集电线路设计方案等多个维度进行全面比较和充分论证，给出微观选址推荐方案和备用点位方案，确保每个点位无颠覆性敏感制约因素，保证海上风电场微观选址方案切实可行的同时达到经济效益最优。

海上风电场微观选址一般分为初步方案、现场踏勘及方案敲定等三个阶段。

1. 初步方案阶段

初步方案阶段主要由海上风电机组布置方案设计、航线和吊装平台设计及海底电缆线路设计组成。

(1) 海上风电机组布置方案设计

首先，根据收集到的测风塔测风数据、气象站测风同期及长期数据进行风资源分析，得出风资源评价结论（至少完整一年的代表年数据，包括风速、风功率密度等）；然后，根据收集到的海上风电场场址海域实测地形图（比例为 1∶2000，等高距不大于 2m 的海底全要素海图）、风资源评价结论、职能部门要求、地方区域性特殊要求等，在测绘图的基础上完成海上风电机组布置，估算发电量；最后，综合考虑海上风电机组点位的建设条件，确定正选及备选点位的初步方案。

(2) 航线和吊装平台设计

在海上风电机组点位布置图的基础上，根据定标风电机组机型资料、运输规范进行航线和吊装平台初步方案设计。航线的设计原则为满足海上风电机组各部件的运输要求，同时考虑职能部门要求和地方区域性特殊要求，吊装平台的设计原则为满足海上风电机组各部件摆放及吊装需求，最终形成航线和吊装平台设计的初步方案。

(3) 海底电缆线路设计

海上风电场海底电缆线路设计除了需要考虑职能部门要求、海区使用限制及避开已有工程用海等特殊要求，还需要考虑海床地质结构、海底深度、最高波浪级别及腐蚀性环境等因素的影响，确定海底电缆路由及登陆点，形成海底电缆线路设计的初步方案。

2. 现场踏勘阶段

在现场踏勘阶段之前，需要准备好微观选址初步方案阶段的拟选风电机组点位坐标表、航线和吊装平台方案图、海底电缆线路方案图及户外作业工具等，且需要组织业主单位、设计单位及风电机组供应商一起参与现场踏勘。业主单位主要负责敏感性因素的复核，例如军事限制、海洋自然保护、渔业养殖、海底管线等相关制约性因素的点位复核。设计单位主要负责对初步方案阶段成果的复核。风电机组供应商主要负责对海上风电机组运输和建设条件的复核。

现场踏勘阶段的具体工作内容如下。

（1）微观选址方案现场勘察

对微观选址初步方案阶段的拟选风电机组点位坐标表、航线和吊装平台方案图、海底电缆线路方案图进行逐个勘察，对风电机组点位、航线和吊装平台、海底电缆线路的工程地质条件、海洋水文环境及各种限制因素进行确认，评估施工条件的可行性，判断是否满足建设要求。

（2）微观选址方案调整和确认

通过全场踏勘后，将不满足建设条件的风电机组点位剔除或与符合要求的备选点位置换，将不满足建设条件的航线、吊装平台及海底电缆线路等设计方案进行重新调整和再设计，并由设计单位估算发电量和校核安全性，形成海上风电场微观选址的最终方案，最后必须由三方签字确认。

3. 方案敲定阶段

方案敲定阶段主要涉及最终方案的报告汇总、提交审查及完成收口等。

（1）完成微观选址报告

根据现场踏勘阶段的成果及风电机组供应商安全载荷报告，修改完善初步方案，形成微观选址报告，并将推荐的风电机组点位方案发送给风电机组供应商完成微观选址复核报告。微观选址报告主要包含海上风电机组点位、航线和吊装平台、海底电缆线路的设计方案、方案的经济性分析等相关内容。

（2）完成微观选址报告审查

微观选址报告审查由建设单位组织，参与单位有设计单位（主要涉及风资源、航线、海底电缆线路、概算等）、风电机组供应商（主要涉及风资源、载荷、运输、吊装等）、建设单位（主要涉及审查专家、项目部成员等）。微观选址报告审查专家、建设单位，针对海上风电机组点位、航线和吊装平台、海底电缆线路等设计方案进行审查并出具审查意见。

(3) 完成微观选址收口

设计单位根据审查意见完成微观选址报告修改，提交收口版报告，作为后续施工图阶段设计工作的依据。

3.3.2 海上风电场微观选址基本原则

海上风电场微观选址需要遵循的基本原则如下：

- 海上风电机组布置在风功率密度高的位置；
- 海上风电机组尽量集中布置，避免分散并网；
- 避免海床地质条件和水深大幅度变化，尽量保持基础形式和施工工艺的一致性；
- 尽量减少海上风电机组间尾流影响，根据国家行业标准NB/T 10103—2018《风电场工程微观选址技术规范》规定的“行间距为垂直于主风能方向相邻风电机组之间的距离，列间距为平行于主风能方向相邻风电机组之间的距离，海上风电机组行间距不宜小于7倍风轮直径，列间距不宜小于3倍风轮直径，对于主风能方向不集中的海上风电场，可调整行间距和列间距”；
- 海上风电场微观选址应遵循节约和集约用海的原则，符合海洋功能区划或与其兼容，满足资源开发利用和生态环境保护要求；
- 海上风电机组布置应考虑风资源、场地利用、集电线路、交通运输、施工安装和工程造价等因素，在符合安全要求的前提下提高发电量；
- 避开港口、锚地、航道、矿产、军事限制、海洋自然保护、渔业养殖、旅游保护、海底光缆、海底管线（通信、电力及油气）等已有工程用海；

- 海上风电场微观选址成果应经建设单位、设计单位及风电机组供应商三方确认。

3.3.3 海上风电场微观选址影响因素

海上风电场微观选址主要受到的影响因素如下。

1. 海上风电机组间的尾流影响

与陆上风电场相比，海上风电场海面平坦开阔，基本无障碍物，粗糙度较小，变化层次小。海上风电场紊流小，风速衰减后，恢复速度较慢，所需恢复距离较长。因此，海上风电场的尾流效应更加显著，表现为尾流传播距离更远，存在多台、多排风电机组尾流叠加效应及风速恢复缓慢等特点。若海上风电场的尾流影响过大，则不但会降低海上风电场的发电量，还会进一步增大风电机组的疲劳载荷和各部件的故障概率，降低风电机组的使用寿命。根据国家行业标准 NB/T 10103—2018《风电场工程微观选址技术规范》规定，风电场整体平均尾流损失宜小于 8%，单台风电机组尾流损失宜控制在15%以内[24]。

2. 水深和工程地质影响

海上风电场的作业水深不仅影响风电机组的基础结构、基础施工方法及海底电缆敷设工艺和方案，而且还是影响风电机组设备运输方式和吊装方式的一个主要因素，在建设单一海上风电场时，应避免水深发生大幅度变化，尽量保持基础施工方法和海底电缆施工工艺的一致性。工程地质包括海区工程区域的地质稳定、地层分布及其力学性质，以减少海上风电场建设和运行期间的运维费用。

3. 航线、管道的影响

海上风电场微观选址应避开航线和管道，如预留渔船航线、小岛间航线，预留与海底光缆、管道的安全距离。

4. 其他影响因素

除避开港口、锚地、航道、矿产、军事限制、海洋自然保护、渔业养殖、旅游保护等禁止施工区域外，还应考虑避开其他因素，如礁石、海底障碍物、航标灯等。

3.3.4 海上风电机组选型方案

风电机组选型是海上风电场建设中最为关键的环节之一，选择合适的风电机组不仅可以节约海上风电场的工程投资，还可以提高海上风电场的收益，降低海上风电场的运行维护成本。海上风电机组选型除了满足陆上风电机组选型的基本原则，还需要重点关注以下几个方面的影响因素。

1. 气象环境条件

海上风电场所处气象环境条件与陆上风电场存在明显差异，所选风电机组要能够适应海上复杂的环境条件，具备较陆上风电机组更好的抗潮湿、防盐雾、防腐蚀、防覆冰（如有）和防低温（如有）等性能。由于海上风电场所处地理位置不同，温度、气压、平均风速、最大风速、极大风速、湍流强度等气象参数均存在差异，因此风电机组选型时要明确海上风电场区域的气象参数所属范围，确保所选风电机组对大气环境的适应性，防止由于选型不当而造成风电机组可利用率降低、部件故障率增高、寿命降低等不利现象。

2. 场地及施工条件

影响海上风电场场地的主要因素为水深，受吊装运输船吃水深度的影响，若风电机组单机容量过大，部件过重，使吊装运输船吃水过深，则无法正常进行运输和吊装。因此，在水深过浅的区域，不宜安装单机容量过大、部件过重的风电机组。风电机组选型还受施工条件的制约，如吊装能力、打桩能力等，单机容量过大，会造成吊装能力不能满足设备的安装要求。

3. 技术先进性及可靠性

由于海上风电场离岸距离远，海上环境复杂、可达性较差，运维成本较高，因此所选风电机组应确保较陆上风电机组具有更先进的设计理念、更先进的技术水平、更高的设备可靠性，具备一定时间的实际运行经验，避免因设备可靠性低造成海上风电场发电量下降和运维成本增加，为了有效利用拟建海上风电场的风资源，在保障风电机组环境适应性和安全可靠性、满足场地及施工条件的前提下，还要尽可能选择单机容量较大的风电机组，使海上风电场具有较高的发电量水平。

4. 设备供应商供货及技术服务能力

海上风电场施工建设和运营均受海况和风况影响，施工建设具有明显的天气窗口期。因此，风电机组供应商的供货能力成为制约海上风电场建设施工进度的关键因素，所选风电机组供应商应该具备足够的产能，以满足风电场的安装进度要求，在风电机组选型时，还要考虑供应商的技术力量和服务水平，能够配合完成风电机组基础、电气等配套工程的设计和建设，具备指导风电机组吊装调试和故障快速响应能力。因此，供应商的供货能力和技术服务水平对海上风电场能否顺利建设、优化设计、缩短工期、降低投资及质保期生产水平等均具有较大的影响。

3.3.5 海上风电场微观选址技术

海上风电场微观选址技术主要涉及海上风电机组布局优化设计和海上风电场集电线路拓扑优化两个方面。两者在成本与发电收益上相互制约，相互影响。对于海上风电场而言，增加风电机组之间的安装距离，虽然有助于减小尾流效应的影响，但势必会增加风电机组之间的海缆长度，不仅提高了风电场集电线路的投资成本，同时也增大了集电线路的电能损耗。因此，在海上风电场微观选址过程中，需要对海上风电机组布局和集电线路拓扑进行联合优化，在尾流影响与海缆投资之间寻求最佳经济平衡点。

海上风电机组布局和集电线路拓扑联合优化过程涉及的内容较多，具体包含风电机组数量、风电机组坐标、风电场年发电量、电气系统成本、运行维护成本及网损等，需要综合权衡。为了兼顾风电场长期总发电效益与集电线路的投资成本，通常构建综合考虑风电机组尾流效应（通常采用 Jensen 模型、Larsen 模型及 Frandsen 模型等尾流计算模型进行尾流模拟）、集电线路经济性及可靠性的海上风电场多目标规划模型，并采用多目标智能寻优算法进行模型求解，通过对风电机组坐标、集电线路拓扑结构的优化，获得最佳的海上风电机组布局与集电线路拓扑方案。

3.4 海上风电场电气系统设计

3.4.1 海上风电场电气系统构成及主要设备

1. 海上风电场电气系统构成

大型海上风电场电气系统主要包括电力汇集系统、海上变电站、传输到岸上的海底电缆及岸上变电站[25]，如图 3-1 所示。

（1）电力汇集系统

海上风电场的电力汇集系统主要由海上风电机组升压设备和汇集电缆组成。海上风电场中，每台风电机组均需要通过电缆与相邻的风电机组连接，经过一个或多个中压集控开关组件及电缆汇集，通过升压送入海上变电站。

海上风电场的风电机组通常被分为几组，每组采用串型或星型方式连接。

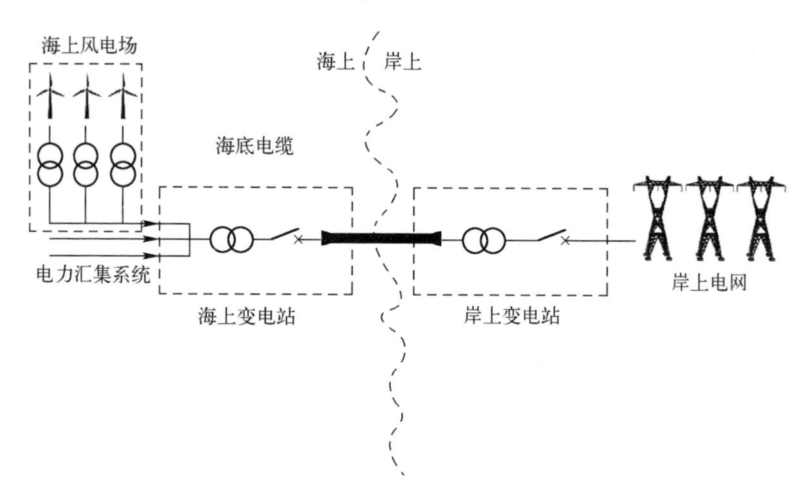

图 3-1　大型海上风电场电气系统

星型连接的风电机组先与临近的装有变压器的集电平台连接后，再集中连接至变电站，优点是每台风电机组不需要独立变压器，成本较低，但集电平台建设成本高，且系统稳定性较差。串型连接的每台风电机组均有独立的变压器，多台风电机组连接成串型后，汇集至海上变电站。两种连接方式如图 3-2 所示。

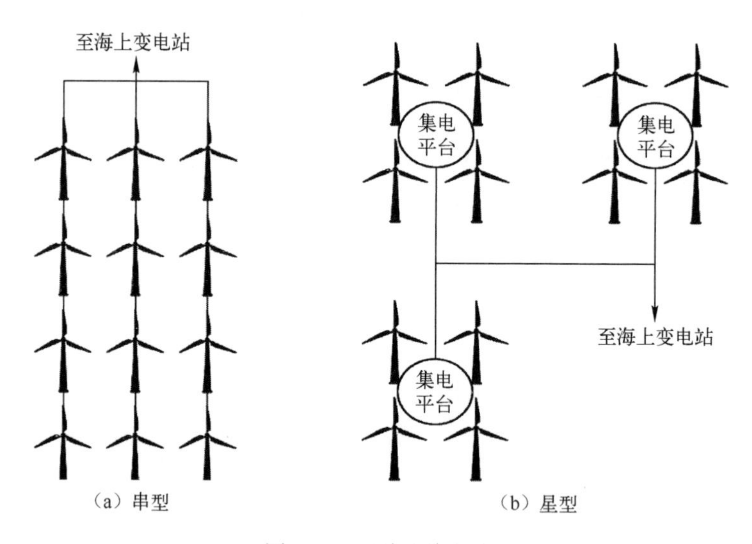

图 3-2　两种连接方式

汇集电缆通常是从风电机组出口0.69kV到35kV（通常情况下）的风电场内汇集。与陆上风电场不同的是，海上风电场通过海底电缆与海上风电机组连接。海底电缆不仅要求具有防水、耐腐蚀、抗机械牵拉及外力碰撞等特殊性能，还要求具有较高的电气绝缘性能和很高的安全可靠性。基于海上环境的复杂性，汇集电缆一般为光电复合缆，即在海底电力电缆中加入具有通信功能和加强结构的光纤单元，使其具备电力传输和光纤信息传输的双重功能。海底光电复合缆能够节约海洋路由资源，降低制造成本和海上施工费用。

（2）海上变电站

与岸上变电站相比，海上变电站造价高，支撑结构和安装费用大大超过了变电站电气设备的费用，从成本角度考虑，应当尽量避免建设海上变电站。对于距离陆地较近（≤15km）且容量较小（≤100MW）的近海风电场，通常采用35kV海底光电复合缆将电能直接输送至岸上变电站；对于离岸距离较远的大容量海上风电场，考虑到35kV等级海底电缆传输容量、电压降、功率因数及损耗等问题，必须设置海上变电站。一般来说，应当根据海上风电场容量、接入电网的电压等级和综合成本规划海上风电场的电能传输方式，可采用二级升压或三级升压方式。

（3）传输到岸上的海底电缆

传输到岸上的海底电缆的电压等级根据不同地区、电网形式、离岸距离及装机容量等进行选择，一般来说，对于装机容量小于等于100MW、离岸距离在10km以内的海上风电场，采用35kV汇集线路直接送入岸上变电站；对于装机容量为100～500MW、离岸距离为10～100km的海上风电场，一般设置海上变电站，采用110kV或220kV高压交流输电方式送入岸上变电站；对于装机容量大于500MW、离岸距离在100km以上的海上风电场，一般采用高压直流输电方式。

（4）岸上变电站

由于设置在陆上，因此岸上变电站的建设比较常规，可以根据标准化的设计进行建设。岸上变电站由开关设备、测量装置、变压器等相关设备组成，设计可以由当地电网公司决定，为了遵守电网导则，增强海上风电场电网友好性，还应设置无功补偿装置。

2. 电气一次系统主要设备

海上风电场电气一次系统主要设备可以分为海上风电机组、海底集电线路、升压变电站和厂用电系统等四个部分，与陆上风电场类似，主要包括发电机、变压器、海底电缆（载流导体）、电抗器、电容器、电流互感器、电压互感器、高压 GIS 配电装置、中低压成套配电装置、无功补偿装置、消弧消谐装置、过电压保护及接地装置等一次设备。

3. 电气二次系统主要设备

海上风电场电气二次系统主要设备是对一次设备的工作进行监测、调节、控制、保护及为运行维护人员提供运行工况或生产指挥信号所需的低压电气设备，与陆上风电场类似，主要包括线路保护装置、变压器保护装置、母差保护装置、海缆在线监测系统、故障滤波器、保护信息子站、电能质量在线监测装置、同步向量测量装置、时钟对时系统、关口计量系统、GIS 设备局放监测系统、SF_6微水在线监测系统、主变油在线监测系统、远动系统、风功率预测系统、风电场自动发电控制（AGC）系统、自动电压控制系统（AVC）、直流系统、不间断电源（UPS）设备、五防系统、通信系统和监控系统等二次设备。

与陆上风电场的区别在于，海上风电场电气二次系统含有海缆在线监测系统。海缆在线监测系统包括海缆扰动监测系统、海缆温度应力监测系统和海缆船舶监控预警系统等三个模块，能够记录由短路故障、系统振荡、频率崩溃及电压崩溃等大扰动引起的系统电流、电压及其导出量，如有功、无功及系统频率的全过程变化现象，用以降低海缆故障的概率。

3.4.2　海上风电场送出系统设计

1. 海上风电场送出系统构成

海上风电场规模一般较大，离岸距离较远，需要依靠海上升压变电站，采用高压海底电缆送出，与陆上电网相连。海上风电场送出系统构成大致相同，主要包含海上升压站、海底电缆和岸上升压站等三个部分。

2. 海上风电场送出系统方案设计

海上风电场送出系统方案设计需要遵循国家电网公司企业标准《海上风电场接入电网技术规定》（Q/GDW 11410—2015），满足海上风电场接入电网有功功率、功率预测、无功电压、故障穿越、运行适应性、电能质量、仿真模型和参数、二次系统、接入电网测试与验证等方面的技术要求，需要遵循国家电网公司企业标准《海上风电场接入系统设计规范》（Q/GDW 11411—2015），满足海上风电场系统一次、系统二次、海上升压站、海底电缆、环境保护和节能减排等设计要求，并与该区域电网发展规划相协调。

（1）海上风电接入电压选择

根据海上风电场装机规模和实际最大送出电力，并结合实际输送距离决定接入电压等级：海上风电场总规模在 300MW 以下时，推荐接入 110kV 及其以下电压等级交流电网；海上风电场总规模为 300～600MW 时，推荐接入 220kV 及其以下电压等级交流电网；海上风电场总规模超过 600MW 时，推荐接入 500kV 及其以上电压等级交流电网。

（2）海上风电场送出方式选择

目前，在世界范围内，海上风电场送出方式主要分为高压交流（HVAC）

和高压直流（HVDC）两大类。其中，HVDC 又分为常规高压直流（LCC-HVDC）和柔性高压直流（VSC-HVDC）两种形式。

- HVAC 输电方式传输系统结构简单，工程造价低，但由于交流电缆充电电流的影响，一般需要装设大容量动态无功补偿装置，通常用于规模较小且离岸较近的海上风电场。
- LCC-HVDC 输电方式可以连接规模更大、离岸更远的海上风电场，可以适应海上风电场大范围频率波动，不受传输距离的限制，传输损耗较低，但换流站技术复杂、成本较高，一般用于特大型海上风电场。
- VSC-HVDV 输电方式在继承 LCC-HVDC 优点的基础上，解决了 LCC-HVDC 吸收大量无功功率和换相失败等问题，非常适用于风电场接入交流电网，但受大功率绝缘栅型双极性晶体管（IGBT）发展水平的限制，最大传输容量目前只能达到 1000MW 左右，比较适合中大型海上风电场。

海上风电场送出方式设计主要考虑输送容量、输送距离、经济性、可靠性及环境友好性等因素，在实际工程中还应结合海上风电机组实际状况。

（3）海上风电场送出系统参数设计[26]

- 电缆截面积及出线回路数的选取。电缆截面积的选取原则：电缆的长期容许电流是选择电缆截面积的依据，如果电缆的长期容许电流不小于电缆的长期工作电流，则所选电缆截面积满足系统输送容量的要求。出线回路数的选取原则：送出线路输送容量需满足风电场满发需求，结合地区电网运行要求，明确送出线路是否需要满足“N-1”原则。
- 海上升压变压器要求。海上升压变压器的选取主要涉及容量、接线形式等。海上升压变压器容量的选择需参考海上风电场的有效容量，并兼顾海上风电场的规划容量和分期规模。对于交流升压变压器，

220kV可考虑但不限于选用180MVA、240MVA，500kV可考虑但不限于选用750MVA、1000MVA；对于直流换流变压器，总变电容量需不小于风电场的有效容量。海上升压变压器应采用有载调压变压器，主接线型式可考虑单元接线和单母线接线等方式，具体可根据需要灵活选取。

- 无功补偿装置。当海上风电机组的无功容量不能满足系统电压调节需求时，应在海上风电场集中加装适当容量的无功补偿装置，必要时加装动态无功补偿装置。无功补偿装置可考虑安装在海上变电站和陆上变电站。根据电力系统无功功率分电压层和分供电区补偿原则，需要考虑配置一定容量的感性补偿装置吸收海底电缆的充电功率，同时应配置一定容量动态无功补偿，以便于风电场侧电压调节和功率因数调整。
- 送出线路高抗配置方案。对交流送出方案而言，交流海底电缆产生的充电功率应通过装设并联电抗器予以补偿，以保证海底电缆的无功平衡，尽量减小通过线路传输的无功功率。
- 对开关设备的要求。开关设备应满足相应接入电网电压等级开关短路电流要求，具体参考如下：35kV接入电网的短路电流水平可按31.5kA或40kA选择；220kV接入电网的短路电流水平可按40kA或50kA选择；500kV接入电网的短路电流水平可按50kA或63kA选择。

3. 海上升压站设计

根据海上风电场送出系统输电方式的差异，海上升压站主要分为基于HVAC输电方式的变电站和基于HVDC输电方式的换流站。送出侧的变电站和换流站主要建设在海上或近海岛屿，与海上风电机组连接。接收侧的变电站和换流站主要建设在陆地，与电网连接。由于陆上变电站和换流站与常规陆上风电场建设的要求基本相同，相关建设规范较为完善，因此主要阐述海上变电站和换流站的设计。

（1）海上变电站设计

海上变电站将海上风电机组的功率汇集起来，升压后，经过海底电缆输送到陆上集控中心，并入电网，主要作用是提高输电效率。海上变电站设计主要涉及电气主接线方案、主要电气设备选择、绝缘配合及过压保护、二次系统方案、防雷与接地设计、海上变电站结构设计等方面。

① 电气主接线方案。

海上变电站电气主接线方案的选择需要考虑海上风电场总装机容量、主变压器台数、电压等级及出线回路数等因素，主要包括变压器-线路单元出线、单母线接线或单母线分段接线等三种形式。三种接线方案如图 3-3 所示。

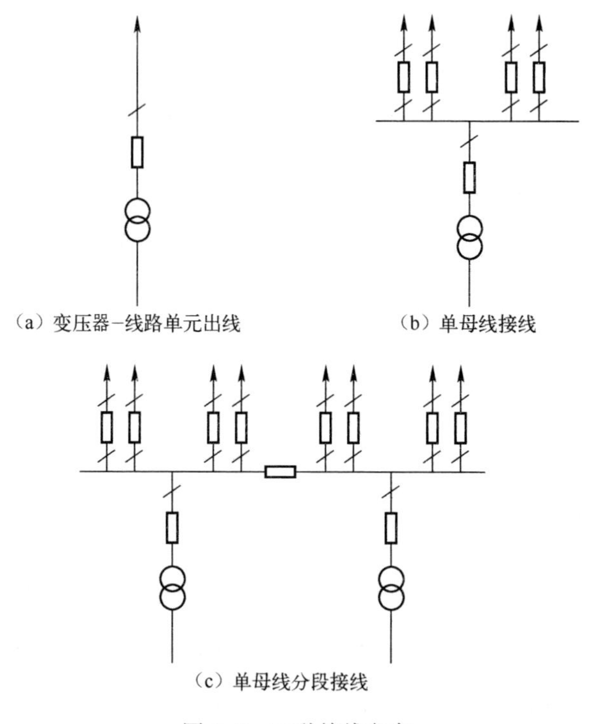

图 3-3　三种接线方案

变压器-线路单元出线的优点是接线简单、设备最少、不需要高压配电设备、节约平台空间，缺点是电气可靠性不足，适用于单台或两台主变压器规模的工程。

单母线接线的优点是接线简单、清晰、设备少、操作方便、投资省，便于扩建和采用成套配电设备，缺点是不够灵活可靠，需要高压配电装置，适用于单台主变压器规模的工程。

单母线分段接线的优点是当一段母线发生故障时，分段断路器自动将故障段切除，保证正常段母线不间断供电，缺点是当一段母线或母线隔离开关故障或检修时，该段母线的回路需要在检修期间内停电，当出线为双回路时，常使架空线路出现交叉跨越，且扩建时需要向两个方向均衡扩建，适用于单台或两台主变压器规模的工程。

② 主要电气设备选择。

海上变电站平台处于海洋环境，站内电气设备除了需要满足国家标准及电力行业通用标准，还需要满足潮湿、高腐蚀性环境对设备提出的特殊要求。海上变电站主要电气设备的选择主要涉及主变压器、高压气体绝缘（GIS）配电装置、无功补偿装置、中/低压配电装置、旋转电机设备及照明等。

- 主变压器：根据海上风电场装机容量和环境条件，主变压器宜选用三相、有载调压变压器，采用自然风冷却方式，大容量变压器应采用强迫油循环风冷却方式；送出线宜为密闭安装，无外部裸露带电部分，接头部分采用软连接方式；必须配备空间加热装置，外壳选用耐腐蚀材料制造，防止设备受潮和冷凝。
- 高压气体绝缘（GIS）配电装置：具有结构紧凑、占地面积小、可靠性高、配置灵活、安装方便、环境适应能力强、维护工作量小等优点，特别适用于湿度高、盐雾重、受台风影响的海洋环境，额定电压、额定电流及额定开断电流需要根据主接线方案的电压等级、各回路设计传输容量、短路电流等进行配置和选择。

- 无功补偿装置：海上变电站设备受海洋环境和安装空间限制，一般选取体积相对较小的SVG动态无功补偿装置，且海上风电场无功功率源主要为高压海底电缆和集电线路，无功消耗主要设备为变压器，无功补偿装置的调节范围应根据变压器空载和满载运行时的无功补偿量来选取。
- 中/低压配电装置：额定电压、额定电流及额定开断电流需要根据主接线方案的电压等级、各回路设计传输容量、短路电流等进行配置和选择，且必须放置在室内，必须配备空间加热装置，外壳选用耐腐蚀材料制造，防止设备受潮和冷凝。
- 旋转电机设备：包括柴油发电机（应急电源、站用电源）、各类电泵等，根据各旋转电机设备所需功率及电压等级选择额定功率和额定电压，并必须配备空间加热装置，以防止设备受潮和冷凝，在海上平台上使用时，通常采用配备全部铸造金属件、不腐蚀和无火花的冷却风扇、防腐蚀硬件及不锈钢铭牌的全封闭电机。
- 照明：主要分为正常工作照明和事故照明。正常工作照明的电源由站用交流电供给，按照一般照明设置，个别地方设置局部照明。事故照明的电源由站用配电屏内交、直流切换装置供给，楼梯及走廊等处需设置一定数量的应急灯和指示灯。照明灯具、开关和插座需要采用防潮、耐腐蚀和耐高湿度材料，并推荐加装机械防护。

③ 绝缘配合及过电压保护。

海上变电站绝缘配合及过电压保护应充分考虑海上风电场海底电缆送电的特点，遵守IEC 60071《绝缘配合》系列标准和GB/T 50064—2014《交流电气装置的过电压保护和绝缘配合设计规范》等国内外规范规定的绝缘配合原则进行设计，配置适当的过电压保护装置，过电压水平、设备绝缘水平和保护装置特性参数之间的绝缘配合裕度应满足规范要求[26]。

④ 二次系统方案。

海上变电站具有无人值守、离岸距离远、运行环境恶劣、检修维护不便、故障损失大等特点，二次系统设备与传统陆上变电站类似，但具备更高的标准和要求，如设备布置更紧凑、设备抗盐雾能力要求高、设备防潮能力要求高、监控系统功能更完备、远动和通信设备的可靠性更高、火灾自动报警要求更高、直流系统和不间断电源（UPS）系统后备时间更长、可靠性要求更高等。

⑤ 防雷与接地设计。

海上变电站要根据标准 IEC 62305《雷电防护》进行防雷防护设计，主要包括直击雷防护设计、雷击浪涌过电压保护、感应雷防护设计和海上变电站接地设计等。

⑥ 海上变电站结构设计。

海上变电站结构主要包括上部平台结构和下部基础结构两部分，主要电气设备布置在上部平台，上部平台主要为钢结构，以减轻重量；下部基础结构需根据具体海底地基、海水深度、平台重量、布置方式及运输安装要求进行选取，主要分为单桩式基础、多桩式基础和导管架基础等。上部平台结构和下部基础结构均需进行防腐蚀设计，通常采用涂层及阴极保护防腐技术，基础结构涂层防腐蚀设计一般按 27 年考虑，并预留大气区、浪溅区、水下区及泥下区等单面腐蚀裕量。

（2）海上换流站设计

基于 HVDC 输电方式的海上换流站主要分为基于 LCC-HVDC 输电方式的海上换流站和基于 VSC-HVDC 输电方式的海上换流站。相较于 LCC-HVDC 输电方式，VSC-HVDC 输电方式具有控制灵活、占地面积小、模块化设计及噪声低等优点，在海上风电输送中更具竞争优势。因此，本节主要介绍基于

VSC-HVDC 输电方式的海上换流站设计。海上换流站的主变压器选型、交流设备选型、旋转电机、照明、防雷接地及结构设计与海上变电站设计原则基本一致，在此不再对此部分赘述。

基于 VSC-HVDC 输电方式的海上换流站设计主要涉及柔性直流换流器主电路拓扑结构、主接线方案、换流站平面设置、主要电气设备选择、过电压与绝缘配合、二次系统方案等方面。

① 柔性直流换流器主电路拓扑结构。

柔性直流换流器主电路拓扑结构主要包括两电平电压源换流器、三电平电压源换流器、模块化多电平电压源换流器等三种拓扑结构，如图 3-4 所示。

目前，多数柔性直流输电实际工程采用两电平和三电平电压源换流器 NPC 型结构，虽然较传统晶闸管高压直流输电有诸多优势，但同时具有换流站损耗大、不能控制直流侧故障时的故障电流、国内推广存在一定困难［只有 ABB 公司拥有成熟的串联绝缘栅型双极性晶体管（IGBT）动态均压技术］、需要配置交流滤波器等缺陷。

模块化多电平电压源换流器拓扑结构是目前国内柔性直流输电最可行的方案。模块化多电平电压源换流器拓扑结构具有损耗低、模块化、允许使用较成熟的标准部件、故障保护能力较强、能够缓解换流器阀所承受的电气压力及不需要滤波器等优点。模块化多电平电压源换流器拓扑结构的缺点为正弦的桥臂电流因换流器内部环流的存在而发生畸变，开关器件额定电流要求增加，控制器比两电平、三电平 NPC 结构复杂得多。

② 主接线方案。

HVDC 输电系统是由整流站（送端）、逆变站（受端）及直流线路组成的输电系统。VSC-HVDC 输电方式的特点决定其易于实现多端直流输电，其换流站既可以作为整流站运行，又可以作为逆变站运行。功率正送时的整流站在功率反送时为逆变站，功率正送时的逆变站在功率反送时为整流站。整流

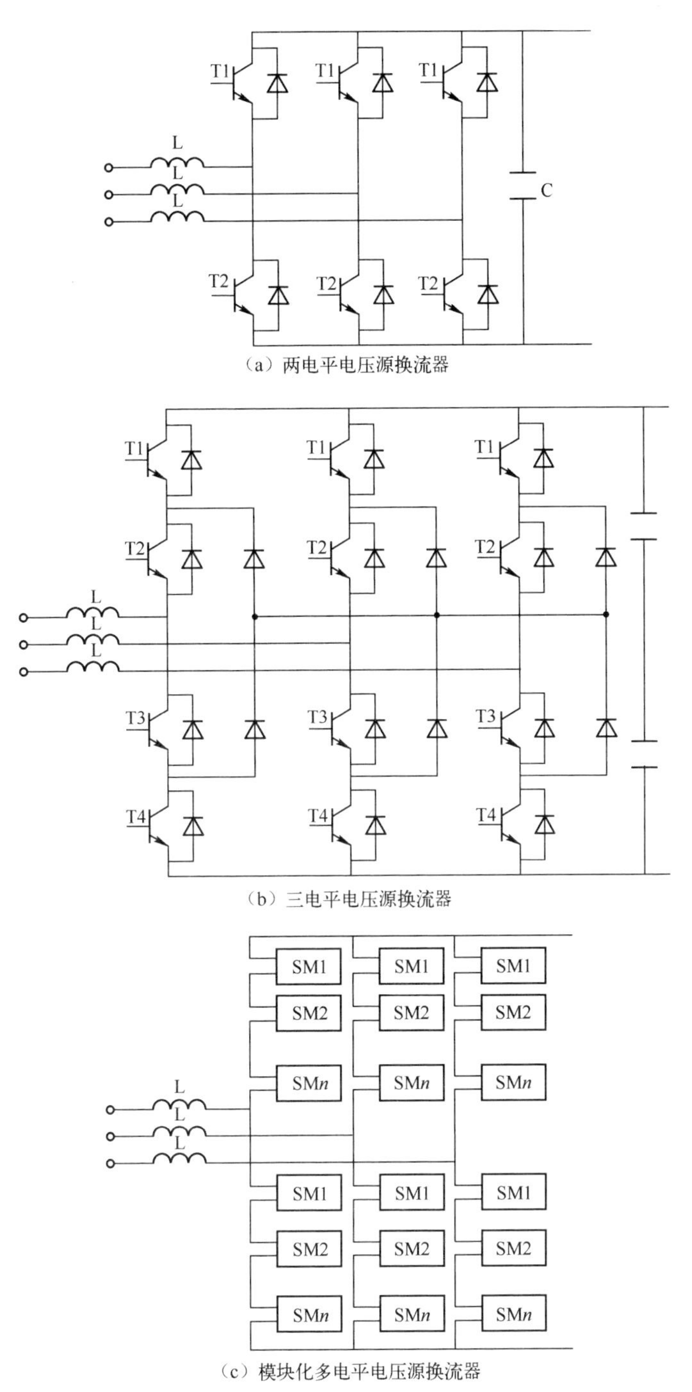

图 3-4　柔性直流换流器主电路拓扑结构

站和逆变站的主接线及一次设备基本相同。

VSC-HVDC 输电系统的主接线方案主要涉及交流侧接线方式和直流侧接线方式。交流侧接线方式主要包括连接变压器、连接电抗器及交流滤波器的接线方式。直流侧接线方式主要包括单极大地回线方式、单极金属回线方式、双极两端中性点接地方式、双极一端中性点接地方式、IEC 双极接线方式、两个换流单元串联等。

③ 换流站平面设置。

海上换流站平面设置应从紧凑型角度出发，根据电气主接线方案、建设条件、噪声控制及出线方向等条件进行综合考虑。按照功能定位和工作原理，换流站可划分为交流场、阀厅、直流场和功能房间等四大区域。

交流场区域主要包括交流进线、变压器、启动回路及电抗器等。阀厅区域主要包括换流器、阀厅接地刀闸等。直流场区域主要包括直流电抗器、直流隔离开关、电流测量装置、电压测量装置、避雷器、直流 PLC（预留）及故障定位装置等。功能房间区域主要包括低压配电室、继电器室、主控制室、阀冷设备室、备品备件间、通信机房、二次蓄电池室、通信电源室及工具间等。海上换流站除了按照四大区域内容布置工艺流程设计，还应考虑多层布置而非陆上换流站常用的单层布置，以节省占地面积。

④ 主要电气设备选择。

海上变流站主要电气设备选择主要涉及电压源换流阀开发器件选择、直流电容器选择、连接变压器和相电抗器参数选择、换流站其他主要设备选择等。

- 电压源换流阀开发器件选择：晶体管功率器件 IGBT 具有运行稳定可靠、供应商广泛等优势，可满足大部分高压大容量换流器的应用，在 VSC-HVDC 输电工程中占绝对主导地位，主要包括适用于两电平、三电平拓扑结构和级联两电平拓扑结构的压接式 IGBT，模块化多电平电压源换流器拓扑结构及其类似拓扑结构的模块化 IGBT。在进行 IGBT 选型时，应核对各工况下 IGBT 承受的电压和电流不要超出安全工作区域，并留有一定的安全裕度。

- 直流电容器选择：直流电容器主要包括开关型 VSC 换流站直流电容器和模块化多电平电流源换流器直流电容器，主要设计原则为储能能够支撑直流电压、低杂散电感，要将直流电压波动抑制在允许范围内，弱化换流站间的耦合作用及动态响应速度与控制系统匹配。
- 连接变压器和相电抗器参数选择：连接变压器和相电抗器共同限制阀臂或直流母线短路时的故障电流，工程设计中一般先固定连接变压器的短路阻抗，然后综合考虑“直流短路电流限制”等条件来确定相电抗器的参数。
- 换流站其他主要设备选择：VSC-HVDC 输电除了上述设备，还应包括开关设备、中性点接地支路、滤波器、直流电抗器及测量装置等设备。

⑤ 过电压与绝缘配合。

柔性直流换流站避雷器的配置原则与普通高压直流换流站避雷器的配置原则相同，即在交流侧产生的过电压应由交流侧避雷器限制，直流侧产生的过电压应由直流侧避雷器限制，重要设备应由与之直接并联的避雷器保护，系统过电压校核应选取最严重工况时分析装设避雷器之后的过电压情况；在选择绝缘配合裕度时，在交流侧按照相应电压等级交流变电站的标准设计配置，在直流侧按照绝缘裕度大于 500kV 直流换流站的水平设计。

⑥ 二次系统方案。

海上风电场换流站二次系统方案相对于传统陆上风电场换流站有所不同，与海上风电场变电站二次系统方案相同。

4. 海底电缆敷设设计

海底电缆敷设设计主要包括海底电缆线路路由选择、海底电缆选型、海底电缆接地方式选择及海底电缆敷设与保护等。

（1）海底电缆线路路由选择[26]

① 海底电缆登陆点应选择在全年风浪比较平稳，海、潮流比较弱的沿海，选择适合海底电缆能尽快垂直登陆的海岸，以减少与海岸线平行敷设的长度，远离易发生自然灾害的区域，选择适合施工的稳定海岸，避开现有及规划中的开发区、化工厂区及严重污染区、自然保护区和风景名胜区等，避开已建成或规划中的电力电缆、通信海底电缆、石油管道、燃气管道、给排水管等障碍物。

② 海底电缆路由宜选择水下地形平坦，且避开海床为基岩的区域，除此之外，还应避开海底自然障碍物、礁石区域、海床地形急剧起伏的区域、海床移动冲刷剧烈的区域、沙坡区和潮沙暗流强烈的区域。

③ 海底电缆应充分考虑其他相关部门现有和规划中各种建设项目的影响：

- 应避开海上的开发活跃区，如港口开发区、规划建设区、填海造地区、海上石油平台等；
- 应避开强排他性海洋功能区，如海军训练区或测试区、挖泥作业区、垃圾倾倒区等；
- 应避开沉船、水下构筑物等障碍物；
- 应避开水产养殖、职业捕捞等渔业活动区，若无法避开，则应采取必要的保护措施；
- 应避开船舶经常抛锚的水域，远离锚地和繁忙的航道，对于无法避开的航道，应设立禁锚区，并采取必要的海底电缆保护措施和预警措施；
- 应尽量远离已建其他海底管线，水平间距不小于下列数值：沿海宽阔海域为500m，海湾等狭窄海域为100m，海港区内为50m；尽量避免与其他管线交叉，若无法避免，则应采取必要的安全措施。

(2) 海底电缆选型

海底电缆选型主要包括绝缘类型、导体截面积、金属护套、外护套以及铠装型式等。

① 交流电缆按绝缘类型可分为充油电缆和交联聚乙烯(XLPE)绝缘电缆等;直流单芯电缆按绝缘类型可分为充油电缆、交联聚乙烯绝缘电缆及不滴流纸绝缘电缆等。

② 导体截面积的选择原则为电缆长期容许电流应满足持续工作电流的要求,短路时应满足短路热稳定的要求,根据电缆长度,如有必要,应进行电压降校核。

③ 海底电缆的金属护套一般采用铅护套,铅护套密封性能好,可以防止水分或潮气进入电缆绝缘,耐腐蚀性较好。

④ 在金属护套外还需要挤包外护套,其主要作用为抗压、防水、防潮及机械保护。对于短距离海底电缆,若金属护套中的冲击感应过电压不会对外护套构成威胁,则可选用聚乙烯(PE)外护套;当海底电缆较长,金属护套中的冲击感应过电压过大时,宜选用添加炭黑的半导电聚乙烯作为外护套。

⑤ 铠装是海底电缆至关重要的结构部件,能够维持张力的稳定性,提供机械保护。铠装层设计应能满足在敷设、运行及维修打捞条件下对海底电缆机械抗拉强度的要求。在交流电缆中,铠装存在环流损耗、磁滞损耗和涡流损耗,需综合考虑所使用的材质。在直流电缆中,铠装的材质只需满足机械性能和防腐要求即可。常用的海底电缆铠装主要有镀锌粗圆钢丝铠装、镀锌扁钢丝铠装、不锈钢丝铠装及扁铜丝铠装等。

(3) 海底电缆接地方式选择

海底电缆线路通常采用两端直接接地、中间不短接,两端直接接地、分段短接,两端直接接地、采用半导电外护套等三种接地方式[27]。

① 对于交流海底电缆线路,在满足工频感应电压限值的前提下,若由过

电压侵入波引起的金属护层冲击感应电压超过了绝缘外护套的冲击耐受电压，就必须对冲击感应电压进行限制，需采用“两端直接接地、分段短接”或“两端直接接地、采用半导电外护套”的接地措施。若由过电压侵入波引起的金属护层冲击感应电压未超过绝缘外护套的冲击耐受电压，则可采用“两端直接接地、中间不短接”的接地方式。

② 对于直流海底电缆线路，在正常情况下，金属护套中不存在感应电压，可采用两端直接接地的接地方式。在雷电或操作冲击过电压作用下，金属护套中会出现较高的冲击感应过电压，线路越长，过电压幅值越高，当线路达到一定长度时，电缆外护套可能会因冲击感应过电压过大而被击穿，此时需采用“两端直接接地、分段短接”或“两端直接接地、采用半导电外护套”的接地措施。

（4）海底电缆敷设与保护

海底电缆敷设与保护措施主要有埋设保护、沟槽保护、穿管保护及覆盖保护等[26]。

① 埋设保护：使用专业设计的电缆埋设机械将海底电缆埋设至海床表面以下常见渔具、锚具无法触及的深度，最大限度地保护海底电缆免受外部风险的威胁。

② 沟槽保护：当登陆段和浅滩区水深较浅，敷设船只无法靠近，埋设机械难以施工时，可在电缆敷设船敷设电缆前将电缆沟槽挖好。

③ 穿管保护：海底电缆路由近海浅滩段的渔业活动频繁，是渔船作业抛锚的频发点，当海底电缆埋设深度达不到要求时，可采用铁护套保护和预埋铜管或钢筋混凝土管进行保护。

④ 覆盖保护：当海床为礁岩而难以埋设、埋深不满足设计要求或因海底电缆与其他管线交叉而无法埋设时，可采取覆盖保护方式，即采用岩石、混凝土块、沙袋等将海底电缆覆盖起来，从而起到保护的作用，常用方法有抛

石保护、混凝土垫保护和混凝土袋（沙袋）保护。

3.5　海上风电机组与升压站基础结构设计

3.5.1　海上风电机组与升压站基础结构分类及设计

海上风电机组基础作为支撑结构，对风电系统的安全运行起着至关重要的作用，在设计过程中需要充分考虑离岸距离、海床地质条件、海上风浪及海流、海冰等外部环境的影响。因此，海上风电机组基础结构较陆上风电机组基础结构更复杂、更具多样化，根据与海床固定的方式不同，可分为固定式和浮式两大类。固定式一般应用于浅海，适应水深为 0~50m，结构形式主要分为桩承式和重力式。浮式属于深水结构形式，主要用于 50m 以上水深海域。与海上风电机组基础结构相比，海上升压站基础所承受的体积和重量更大，对基础结构的体积、强度和刚度要求更高，通常采用桩承式基础中的多桩式基础和导管架基础；受海域环境条件差异影响，在潮间带海域主要采用多桩式基础；在海底状况复杂的近海海域，主要采用导管架基础。

1. 桩承式基础

桩承式基础具有承载力高、稳定性好、沉降量小、结构较轻及对波浪和海流阻力较小等优点，适用于可以沉桩的各种地质条件，特别适用于软土地基，在岩基上，当覆盖层厚度适当时采用桩基础，当覆盖层较薄时可采用嵌岩桩。桩承式基础的缺点在于受海床地质条件和水深约束较大，易出现弯曲变形，需要专用打桩设备安装，施工安装费用较高，对冲刷敏感。桩承式基础根据桩基数量和连接方式的不同，可分为单桩基础、三脚架基础、导管架基础及群桩承台基础等[28]。

（1）单桩基础

单桩基础由焊接钢管组成，桩基与塔架之间采用焊接钢管或套管法兰连接，是桩承式基础中最简单的结构形式。单桩基础结构简单、节省材料、制造工艺简便，不需要做任何海床准备，施工工艺较为简单，适合 30m 以下中等水深条件，由于受海底地质条件和水深约束较大，因此对冲刷、振动和垂直度较为敏感，需要专用安装设备，不适合海床内有很多大漂石的位置，且难以移动。单桩基础结构如图 3-5 所示。

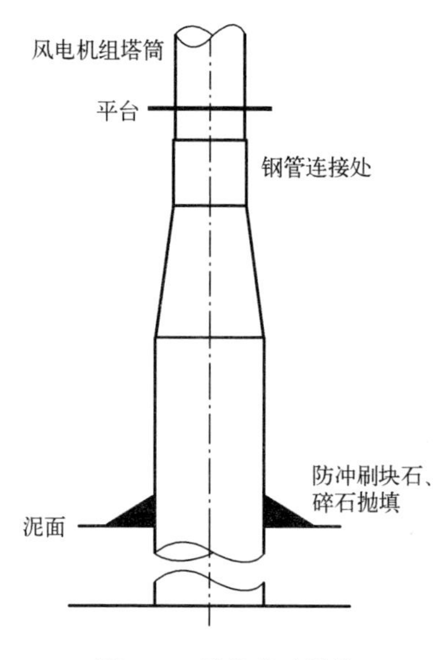

图 3-5　单桩基础结构

（2）三脚架基础

三脚架基础也称多桩式基础，由中心柱、三根插入海床一定深度的铜管桩和撑杆组成，能够克服单桩基础桩径过大、需要冲刷防护等缺点，稳定性较好，适合 30m 以上水深的地区，由于同样受海底地质条件约束较大，因此适用于海床较为坚硬的海域，不宜用于浅海域、软海床，建造费用高，移动困难。三脚架基础结构如图 3-6 所示。

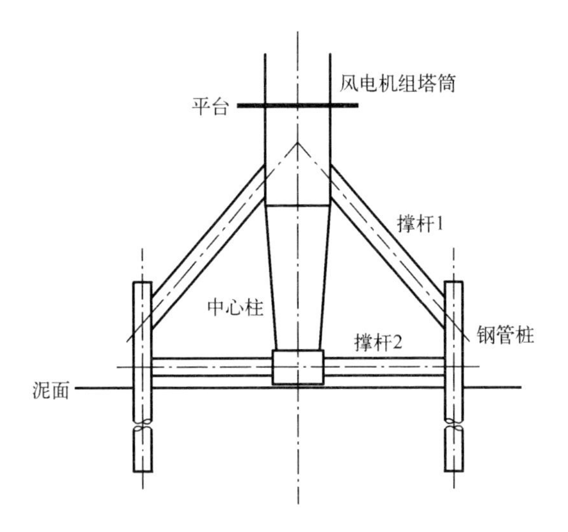

图 3-6 三脚架基础结构

（3）导管架基础

导管架基础是海洋平台最常用的基础结构形式，在深海采油平台的建设中已经成熟应用，主要由导管架与钢管桩两部分组成。导管架是以钢管为骨棱的钢质锥台形空间框架，为预制钢构件，可以设计成三腿、四腿、三腿加中心桩、四腿加中心桩等形式，一般由圆柱铜管构成。导管架与钢管桩一般在海床表面连接，通过导管架各个支脚处的钢管打入海床。导管架基础能够有效提高支撑结构的刚度，适用于大容量海上风电机组和海上升压站，对地质条件要求不高，受波浪和海流作用甚小，技术成熟，造价随着水深的增加呈指数增长。导管架基础结构如图 3-7 所示。

（4）群桩承台基础

群桩承台基础主要由钢管桩和平台支撑组成。平台支撑采用钢筋混凝土现浇结构。群桩承台基础具有结构刚度大、施工风险可控、总造价低、抵抗船舶撞击及对打桩精度要求相对较低等优点，施工工序较多、自重大、需桩多、现浇工作量大，主要适用于水深为 0~25m、离岸距离不远的海上风电场。群桩承台基础结构如图 3-8 所示。

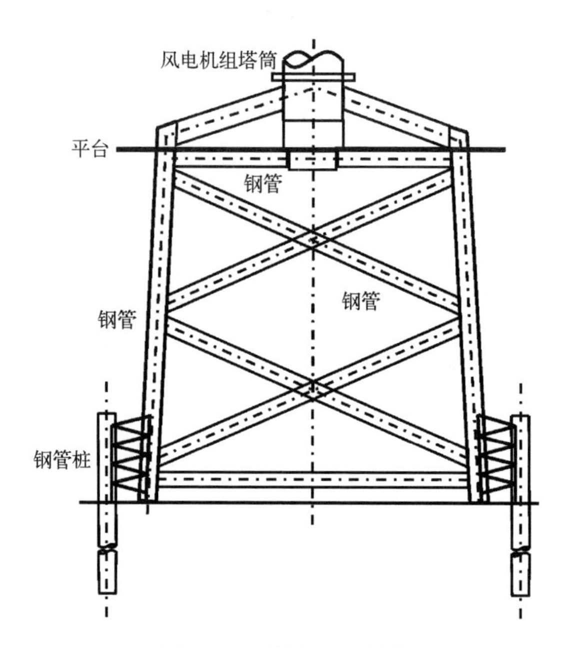

图 3-7　导管架基础结构

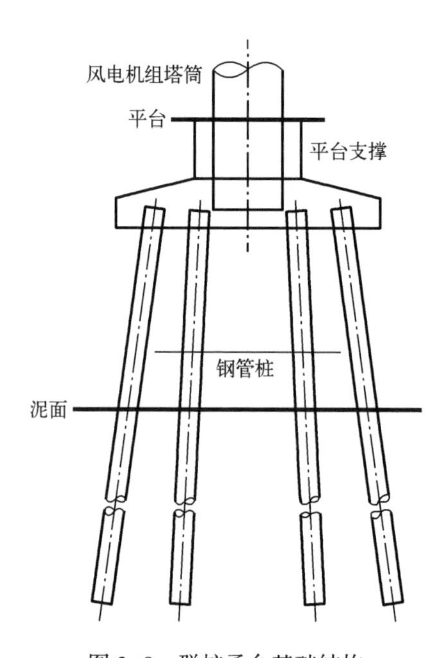

图 3-8　群桩承台基础结构

2. 重力式基础

重力式基础是一种传统的基础形式，一般为钢筋混凝土结构，是所有基础类型中体积最大、质量最大的基础，依靠自身的重力抵抗倾覆力矩和上部结构传至基础的载荷，从而保持海上风电机组和升压站整体结构的稳定性。重力式基础结构简单、造价低，抗风暴和风浪袭击性能好，稳定性和可靠性好，需要压舱物，安装技术成熟，但施工时需要整理海床，受海浪冲刷影响大，体积和质量大，拆除困难，仅适用于浅水海域。重力式基础根据墙身结构形式不同，可分为沉箱基础、大直径圆筒基础和吸力式基础等[23]。

(1) 沉箱基础

沉箱基础是一种巨型的钢筋混凝土或钢质空箱。箱内由纵横隔墙隔成若干舱格，一般由专门的预制厂预制后，利用气囊或滑道台车溜放下水，当预制沉箱数量不多时，可将当地修造船厂的船坞、滑道、船台、气囊或其他合适的天然岸滩预制下水，在水中定位后，用灌水压载法将其沉放在整平好的基床上，再用砂或块石填充沉箱内部。沉箱基础具有水下工作量小、结构整体性好、抗震性能强、施工速度快等优点，但是钢材耗量大，需要专门的施工设备和合适的施工条件。

(2) 大直径圆筒基础

大直径圆筒基础的墙身是预制的大直径薄壁钢筋混凝土无底圆筒。圆筒内填块石、砂或土，主要靠圆筒与其中部分填料形成的重力来抵抗作用在基础上的荷载。圆筒可直接沉入地基，也可放在抛石基床上。与沉箱基础相比，大直径圆筒基础结构简单，混凝土与钢材用量少，对地基的适应性强，可不做抛石基床，造价低，施工速度快，但由抛石基床上的大圆筒产生的基底压力大，需要沉入地基的大直径圆筒基础的施工较复杂。大直径圆筒基础结构如图 3-9 所示。

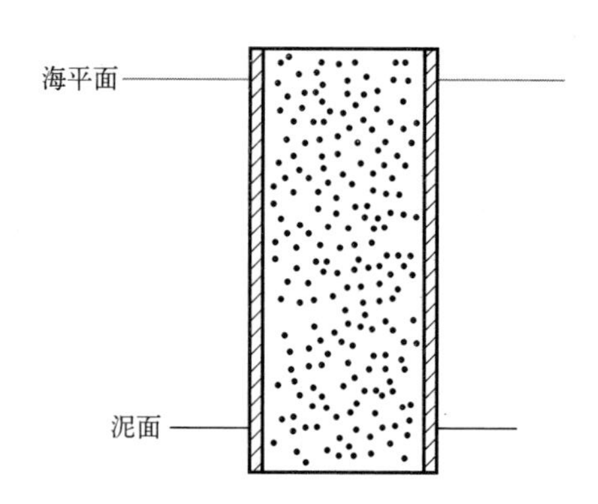

图 3-9　大直径圆筒基础结构

(3) 吸力式基础

吸力式基础是一种底部敞开、上端封闭的大直径圆桶结构。圆桶顶部设有可连接泵系统的出水孔，通常采用钢结构或钢筋混凝土结构。吸力式基础通过顶盖和侧裙与土体较大的接触面将竖向力和水平力传递给地基和周围土体。吸力式基础具有施工简便、机动灵活、安全可靠及可回收重复利用等特点，适用于深海和浅海，地质条件最好为砂性土或软黏土。预应力混凝土结构吸力式基础结构如图 3-10 所示。

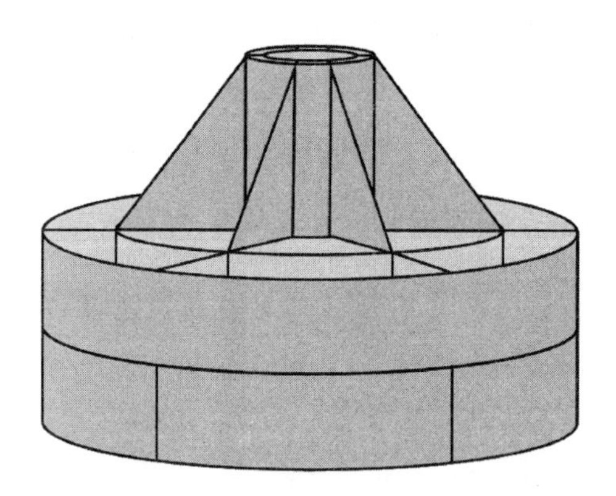

图 3-10　预应力混凝土结构吸力式基础结构

3. 浮式基础

海上风电由潮间带和近海走向深远海是海上风电产业的必然发展趋势。桩承式和重力式等固定式基础的制造成本和安装难度越来越高，无法满足深海风电场的建设和经济性要求。浮式基础利用锚固系统将浮体结构锚定于海床，作为安装海上风电机组的基础平台，特别适用于水深 50m 以上的海域，具有成本低、运输方便等特点。浮式基础目前还处于研究阶段，并没有大规模商业化应用，总体上可以分为 Spar 式基础、张力腿式基础及半潜式基础等。

（1）Spar 式基础

Spar 式基础通过压载舱使整个系统的重心压低至浮心之下，以保证整个风电机组在水中的稳定性，再通过辐射式布置的悬链线来保持风电机组的位置。Spar 式基础吃水大、垂向波浪激励力小、垂荡运动小，拥有更好的垂荡性能，但水线面对稳定性的贡献小，横摇和纵摇值较大。Spar 式基础结构如图 3-11 所示。

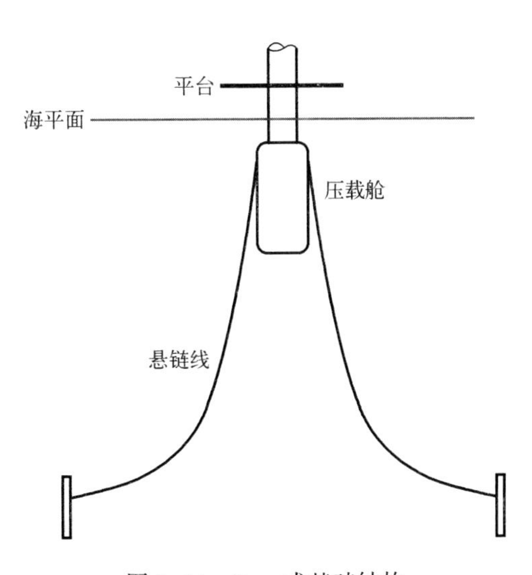

图 3-11　Spar 式基础结构

(2) 张力腿式基础

张力腿式基础主要由圆柱形的中央柱、矩形或三角形截面的浮箱及锚固系统组成。张力腿式基础具有良好的垂荡和摇摆运动特性，存在张力系泊系统复杂、安装费用高、张力受海流影响大、上部结构和系泊系统的频率相合易发生共振运动等缺点。张力腿式基础结构如图 3-12 所示。

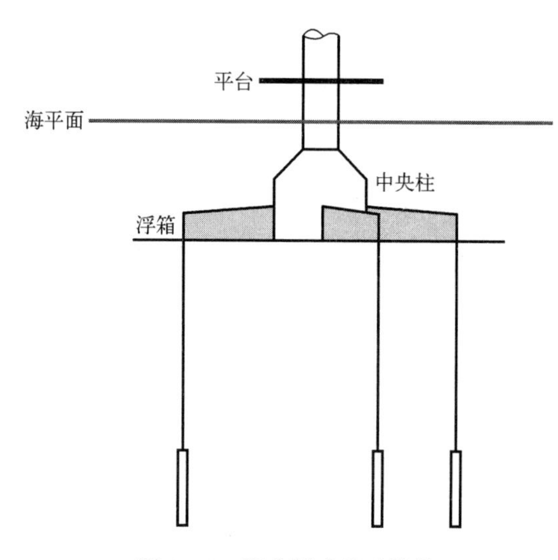

图 3-12　张力腿式基础结构

(3) 半潜式基础

半潜式基础通过位于海面位置的浮箱来保证整个风电机组在水中的稳定性，再通过辐射式布置的悬链线来保持风电机组的位置。半潜式基础吃水小，在运输和安装时具有良好的稳定性，相应的费用低于 Spar 式基础和张力腿式基础。半潜式基础结构如图 3-13 所示。

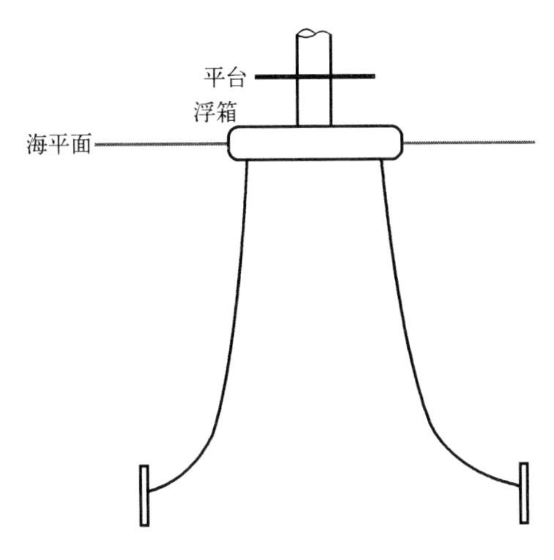

图 3-13 半潜式基础结构

3.5.2 海上风电机组与升压站基础防腐蚀措施

1. 海上风电机组与升压站基础腐蚀环境及分区

海上风电机组与升压站基础长期处于苛刻的海洋环境条件下，受海水浸泡、盐雾侵蚀、海浪和潮水冲刷、物理性撞击损伤及海洋生物附着腐蚀等影响，时刻面临海洋腐蚀环境的严峻考验，严重影响海上风电机组和升压站的安全运行和使用寿命。不同的海洋环境，对腐蚀产生影响的各种因素完全不同，如氧含量、湿度、pH 值和盐度等，海上风电机组与升压站基础的腐蚀程度和腐蚀速率差异明显。典型海洋环境可分为大气区、浪溅区、潮差区、全浸区和海泥区等五个不同的腐蚀区，如图 3-14 所示。

（1）大气区

海洋大气区是指海面飞溅区以上的大气区和沿岸大气区，如塔筒、机舱和叶片所在的区域，相对于普通内陆大气区，具有湿度大、盐分高、温度高及干湿循环效应明显等特点。海洋大气区中的腐蚀介质主要为海洋大气中的盐雾、氯离子、氧气及水气等，对于暴露在海洋大气环境中的风电机组钢结

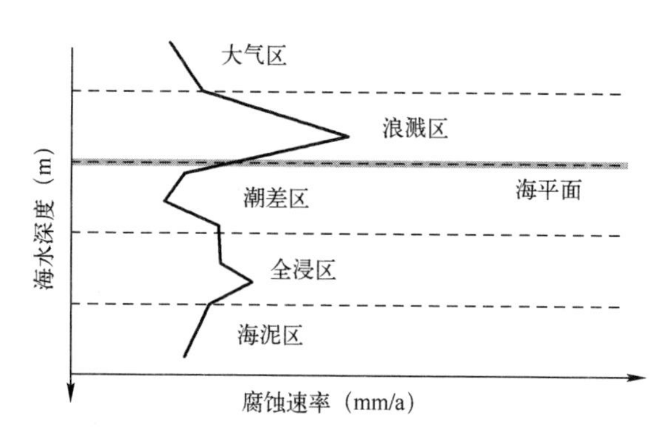

图 3-14　海洋腐蚀环境分区

构，因长期积累的腐蚀介质附着在钢结构表面，形成良好的液态水膜电解质，结合钢结构成分中存在的少量碳原子，极易形成无数个原电池，从而使钢结构表面产生电化学腐蚀而生锈，通常海洋大气中的材料腐蚀速度是陆上大气中的4~5倍[29]。腐蚀不仅会破坏海上风电机组和升压站的基础结构，造成螺栓等紧固连接件强度降低，还会导致海上风电机组叶片气动性能下降、电气部件触点接触不良，使海上风电机组故障率大大增加，造成海上风电机组因故障而停机，甚至倒塌。

（2）浪溅区

浪溅区是指平均高潮位以上海浪飞溅所能润湿的区段。浪溅区除了海盐含量、湿度及温度等腐蚀影响因素，还会受到海浪的冲击和潮水的浸泡，具有高海盐粒子量、浸润时间长、干湿交替频繁等特点。对于钢结构及钢筋混凝土结构来说，浪溅区是所有海洋环境中腐蚀最严重的部位，一旦在该区域发生严重的局部腐蚀破坏，就会使海上风电机组和升压站的基础承载力大大降低，缩短使用寿命，严重影响海上风电机组和升压站的安全稳定性。

（3）潮差区

潮差区是指平均高潮位和平均低潮位之间的区域，具有涨潮时被水淹没、退潮时又暴露在空气中，即干湿交替呈周期性变化的特点。涨潮淹没时受海水腐蚀、物理冲刷及空泡腐蚀等作用，退潮暴露时受海洋大气腐蚀作用。此外，海洋生物的附着和污损对钢结构的腐蚀影响较大，加剧钢结构等的金属材料腐蚀。

（4）全浸区

全浸区是指常年位于低潮线以下直至海床的区域。海水全浸区的风电设备全部浸没在海水中，如海上风电机组和升压站基础的中下部位，会受溶解氧、流速、盐度、污染和海洋生物等因素的影响。由于钢结构在海水中的腐蚀反应受氧的还原反应控制，因此在全浸区中溶解氧对钢结构的腐蚀起主导作用[29]。

（5）海泥区

海泥区是指海床以下的部分，主要由海底沉积物构成。海底沉积物的物理性质、化学性质和生物性质随海域和海水深度的不同而不同，腐蚀环境十分复杂，既有土壤的腐蚀特点，又有海水的腐蚀行为，此外还受硫酸盐还原菌的影响，加快腐蚀过程。海泥区含氧量少，材料腐蚀过程较其他腐蚀区缓慢。

2. 海上风电机组与升压站基础腐蚀类型及机理

海上风电机组与升压站基础结构通常由钢筋混凝土结构（重力式基础）和钢结构（桩承式基础、浮式基础）组成，容易受海洋腐蚀环境的侵蚀。根据不同基础结构形式建造材料不同，海上风电机组与升压站基础腐蚀类型主要分为钢结构腐蚀和混凝土腐蚀两种类型。

（1）钢结构腐蚀

钢结构腐蚀是一个电化学过程，即钢结构中的铁在腐蚀介质中通过电化学反应被氧化为正的化学价状态。钢结构腐蚀会引起构建截面变小、承载力下降，按照腐蚀形态可分为均匀腐蚀和局部腐蚀[30]。

均匀腐蚀是指钢结构与介质接触部位均匀地腐蚀损坏，使钢结构尺寸变小、颜色改变。由于海上风电机组和升压站基础长期稳定地处于海洋环境的各个区域内，因此不同程度的均匀腐蚀分布在整个基础结构表面，造成构件的厚度和强度降低。

局部腐蚀是指钢结构与介质接触部位仅部分区域遭到腐蚀破坏，导致钢结构脆性破坏，降低耐久性。局部腐蚀危害程度要大于均匀腐蚀，按照腐蚀条件、机理和表现特征不同，主要分为点蚀、电偶腐蚀、腐蚀疲劳、丝状腐蚀、水线腐蚀、冲击腐蚀、缝隙腐蚀及生物腐蚀等多种形态。

① 点蚀。

金属表面局部区域出现向深处发展的腐蚀小孔被称为点蚀。点蚀会加速向内纵深发展，导致钢结构穿孔，极具安全隐患和破坏性，主要与冶金因素、表面状态、分散盐粒及大气污染等相关。

② 电偶腐蚀。

电偶腐蚀是由于腐蚀电位不同的异种金属在电解液中接触而形成原电池，使电位较低的金属溶解速度加快，电位较高的金属溶解速度变缓的现象，侵蚀程度取决于异种金属在海水中电位序的相对差别。

③ 腐蚀疲劳。

腐蚀疲劳是由于循环应力或脉动应力与腐蚀介质联合作用导致钢结构应力分布不均匀，加速裂缝形成的现象。海上风电机组和升压站基础在腐蚀环境中不仅要承受重力载荷，还要承受海浪、风暴等交变载荷。交变载荷与腐蚀环境的联合作用会显著降低钢结构抗疲劳性能[30]。

④ 丝状腐蚀。

丝状腐蚀主要发生在钢铁、铝、镁等金属涂膜下，腐蚀头部向前延伸，留下丝状的腐蚀产物，通常发生在涂膜薄弱缺损处和构件边缘棱角处。

⑤ 水线腐蚀。

水线腐蚀是指金属结构处于半淹没状态时，由于溶氧量丰富，在水线稍下的部位首先形成一条锈蚀线。

⑥ 冲击腐蚀。

冲击腐蚀是指在高速水流或含泥沙颗粒、气泡的高速流体直接冲击下，造成金属表面快速侵蚀，当海水中有悬浮物时，磨蚀与腐蚀产生的交互作用比单独作用时严重得多，具有明显的冲击流痕。

⑦ 缝隙腐蚀。

缝隙腐蚀发生在裂缝中或金属部件连接之间的缝隙中，通常以孔或腐蚀斑点形式存在，缝隙内的介质处于滞留状态，随着腐蚀不断进行，缝隙内的介质组成、浓度、pH 值等与整体介质差异愈来愈大，造成缝隙内外金属表面腐蚀速度差异明显，从而在缝隙内呈现深浅不一的蚀坑。缝隙腐蚀主要由不合理设计或加工工艺、泥沙、积垢、杂屑、锈层及生物等的沉积引起。

⑧ 生物腐蚀。

生物腐蚀是由于生物黏附在钢结构上，产生金属表面遮盖不均匀、厌氧菌活动或生物死亡腐烂释放的硫化氢等新的腐蚀环境，直接或间接地促进金属腐蚀，主要外观特征是在生物附着处形成较为明显的蚀坑。

(2) 混凝土结构腐蚀

海洋环境中，混凝土结构腐蚀的主要类型有氯离子侵蚀、碳化作用、镁盐硫酸盐侵蚀、碱-骨料反应及冻融破坏等。

① 氯离子侵蚀。

水泥水化的高碱性使混凝土内钢筋表面产生一层致密的钝化膜。该钝化膜只有在高碱性环境中才能稳定存在。海水中的氯离子是一种穿透力极强的腐蚀物质，比较容易渗透到混凝土内部，到达钢筋表面，使该处的 pH 值迅速降低，从而破坏钝化膜的稳定性，在钢筋表面形成锈层，腐蚀将不断向内部发展。

② 碳化作用。

混凝土的碳化作用是指水泥石中的水化产物与环境中的二氧化碳作用，

生成碳酸钙或其他物质的过程。尽管在短期内碳化反应的产物会使混凝土变得密实，但随着碳化的进行，表面混凝土会变得酥软易碎，在高速海水浪潮的冲刷下，表层混凝土极易剥落，从而导致有效保护层厚度降低。混凝土的碳化系数不仅与空气湿度、温度、CO_2浓度等有关，还与其水灰比、材料选择、养护龄期等相关。

③ 镁盐硫酸盐侵蚀。

硫酸盐侵蚀是一种常见的化学侵蚀形式。海水中的硫酸盐与混凝土中的$Ca(OH)_2$产生置换作用而生成石膏，使混凝土变成糊状物或无黏结力的物质。石膏在水泥石的毛细孔中沉积、结晶，引起体积膨胀，使混凝土开裂，破坏钢筋的保护层，与固态单硫型水化硫铝酸钙和水化铝酸钙反应生成的三硫型水化硫铝酸钙含有大量的结晶水，产生局部膨胀力，使混凝土结构胀裂，导致混凝土强度下降，破坏保护层。

④ 碱-骨料反应。

碱-骨料反应是指混凝土中的OH^-与骨料中的活性SiO_2反应生成一种含碱金属的硅凝胶的过程。硅凝胶具有强烈的吸水膨胀能力，使混凝土发生不均匀膨胀，造成开裂，强度和弹性模量下降，影响混凝土的耐久性[30]。

⑤ 冻融破坏。

当寒冷地区饱和混凝土结构的温度降低到冰点以下时，混凝土毛细孔内的液态水会结冰，由于水结冰时体积会增加9%左右，从而对混凝土产生膨胀作用。当在阳光的照射下温度开始升高时，冰开始融化，到夜晚温度再次降低时，冰冻再次发生，产生进一步膨胀。冻融破坏具有累积作用，可能导致混凝土破坏。

3. 海上风电机组与升压站基础的防腐蚀措施

海上风电机组与升压站基础的防腐蚀措施针对不同的建造材料，主要分为钢结构防腐蚀措施和混凝土材料防腐蚀措施。

(1) 钢结构防腐蚀措施

海上风电机组和升压站基础的钢结构防腐蚀通常采用涂层法、镀层法、阴极保护法、预留腐蚀裕量法及选用耐腐蚀的材料等措施。

① 涂层法。

涂层法属于隔离防腐，是在钢结构表面喷涂防腐蚀涂料或油漆涂料，防止环境中的水、氧气和氯离子等各种腐蚀性介质渗透金属表面，从而可以防止金属腐蚀。涂层法主要适用于海洋大气区和浪溅区，常用的防腐涂料有环氧沥青、富锌环氧、聚醋类涂层、环氧玻璃钢等，辅助材料为固化剂，防腐年限为10~20年，保护效率为80%~90%。

② 镀层法。

镀层法也属于隔离防腐，主要用于海洋大气区、浪溅区和潮汐区。多数海洋结构物的小附属部件或连接部件采用此方法。

③ 阴极保护法。

阴极保护法属于电化学防腐，分为加电流阴极保护和牺牲阳极阴极保护。前者主要采用高硅铸铁阳极材料，被保护物作为阴极，在外加电源的影响下，形成电位差而阻止腐蚀。后者主要采用锌、铝等活性比铁高的铸造阳极材料，通过将其焊接在结构物上形成保护电位差来阻止钢结构腐蚀。

④ 预留腐蚀裕量法。

有些环境的介质腐蚀程度不是很高，材料对腐蚀环境不敏感，很难采取常规防腐蚀方法。在这种情况下，工程上常采用预留腐蚀裕量法，在一定范围内主动接受腐蚀。

⑤ 选用耐腐蚀的材料。

耐腐蚀的钢铁材料通常是在普通碳钢的冶炼中加入一定的铬、磷、矾等合金元素，以提高其抗腐蚀能力，需要在设备设计及制造过程中充分考虑介质特性，成本相对较高。

（2）混凝土材料防腐蚀措施

美国混凝土协会（AIC）确认四种钢筋混凝土有效保护的附加措施：环氧涂层钢筋、钢筋阻锈剂、阴极保护和混凝土表面涂层防护。

① 环氧涂层钢筋。

将由填料、热固环氧树脂与交联剂等外加剂制成的粉末，采用静电喷涂工艺喷涂在表面被处理过的预热钢筋上，形成具有一定坚韧、不渗透、连续的绝缘涂层钢筋，从而达到防止钢筋腐蚀的目的。环氧涂层钢筋具有与基体钢筋黏结良好、抗拉抗弯性能良好、对混凝土握裹力影响小、弹性和耐摩擦性良好、耐碱性及耐化学侵蚀等优点，对制作和施工工艺要求很高，要保证钢筋表面环氧涂层的完整性。

② 钢筋阻锈剂。

钢筋阻锈剂能抑制钢筋电化学腐蚀，可以有效抑制、阻止或延缓氯离子对钢筋的腐蚀。钢筋阻锈剂不是阻止环境中有害离子进入混凝土，而是当有害离子不可避免地进入混凝土后，能使有害离子丧失侵害能力。钢筋阻锈剂具有一次性使用而长期有效、使用成本低、施工简便及适用范围广等优点，根据作用原理不同，可分为阳极型阻锈剂、阴极型阻锈剂和复合阻锈剂。

③ 阴极保护。

阴极保护是在钢筋腐蚀开始后，采用特殊阳极材料，将钢筋作为阴极，通过形成电位差来降低钢筋腐蚀速率的有效辅助措施。采用阴极保护必须严格控制保护电位范围，防止析氢腐蚀引起混凝土握裹力降低和氢脆发生，对于预应力混凝土更应慎重应用。

④ 混凝土表面涂层防护。

混凝土表面涂层防护是在混凝土表面涂装有机涂料，通过隔绝腐蚀性介质达到延缓混凝土中钢筋腐蚀速度的目的。混凝土表面涂层防护是保护钢筋混凝土较为方便实用的方法，可以有效阻止氯化物、溶解性盐类、氧气、二氧化碳和海水等腐蚀介质的侵入，从根本上切断腐蚀的源头，所用涂层应具有良好的耐碱性、附着性和耐腐蚀性，如环氧树脂、聚氨酯、丙烯酸树脂、氯化橡胶及乙烯树脂等涂料。

3.6 海上风电场技术经济与环境影响分析

3.6.1 海上风电场投资成本与经济效益分析

1. 海上风电场投资成本分析

海上风电场投资成本主要包括建设成本和运营维护成本两部分。其中，海上风电场建设成本在风电场整个寿命周期内以固定资产折旧来体现，主要包括设备购置费用、建筑安装工程费用、其他费用及建设期利息等，主要受风电机组设备造价、装机容量、海水深度、离岸距离及并网条件等因素的影响。在不同建设条件下，海上风电场建设成本不同。其中，设备购置费用(不含集电线路中的海缆）约占建设成本的50%，建筑安装工程费用约占建设成本的35%，用海用地费用、项目建设管理费用、生产准备费用等其他费用约占建设成本的10%，建设期利息与海上风电场建设周期及利率相关，约占建设成本的5%，随着海上风电施工技术的不断进步，特别是项目工期的缩短，利息将有一定程度的下降。海上风电场运营维护成本是风电场的变化成本，主要包括土地租赁、管理费用、设备故障维护费用、检修费用、备品备件购置费用、保险费用、财务费用及其他费用等。海上风电场所处环境恶劣，风电机组运营维护较为困难，运营维护成本占总投资的20%~30%[31]。

海上风电场投资开发成本高于陆上风电场，主要体现在以下几个方面：

- 海上风电场项目前期工作费用较高。海上风电场的前期工作时间相对较长，需要与当地政府、海洋、海事等多个部门协调，取得海域、通航、海洋环境性评价等支持性文件。

- 海上风电场设备购置费用和建筑安装工程费用高。海上风电场所处环境恶劣，离岸距离远，海上风电机组、海上升压站、海底电缆、海上风电机组和升压站基础及其他设备的安全可靠性和防腐蚀要求高，增加了设备制造成本，且海底电缆造价和需求量远高于陆上电缆，现场施工难度大、周期长，对安装船舶和工程经验要求高，建筑安装工程费用较高。
- 海上风电场运营维护成本高。海上风电场需要维护的设备主要包括风电机组设备、升压站设备及平台、海缆等。由于海上风电场一般离岸距离较远，需要租赁价格昂贵的船舶，加上台风、风暴潮等天气引起的大浪等不利海况条件，可达性较差，因此风电机组运营维护困难，成本很高。

2. 海上风电场经济效益评价

海上风电场经济效益评价与陆上风电场相似，主要包含财务评价和社会效益评价两个部分。根据国家能源局发布的《海上风电场工程可行性研究报告编制规程》（NB/T 31032—2012）中的相关规范，财务评价是在现行针对海上风电的财税制度和上网电价体系内，从项目财务角度评价项目的基本生存能力、盈利能力和可持续性，属于微观和直接效益评价；社会效益评价是从项目整体角度分析评价项目建设运行对项目所在地经济发展、城镇建设、劳动就业、海洋资源利用及生态环境等方面现实和长远影响，属于宏观和间接效益评价。

海上风电场财务评价主要包括总成本费用计算（固定资产价值计算、海上风电场总成本计算）、发电效益计算（发电量收入、税金、利润及分配等）、清偿能力分析（借贷还本付息计算、资产负债计算）、盈利能力分析（财务现金流量计算、资本金财务现金流量计算)、财务生存能力分析（财务计划现金流量计算)、敏感性分析等6项，能够对海上风电投资项目的财务可行性和经济性进行分析论证，为项目投资的科学决策提供有力依据。海上风电场社会效益评价主要在于节能效益和环境效益两方面：节能效益主要体现在海上风电场运行过程中不需要消耗其他常规化石能源；环境效益主要体现在海上风电场运行过程中不排放任何污染物、有害气体、无需消耗水资源。通常将海上风电与燃煤火电进行对照比较，把产出同等电量所节约的燃煤消耗量、污染物排放量及节约用水量作为海上风电的节能效益和环境效益评价指标。

3.6.2　海上风电场对环境的影响及应对措施

海上风电场在具体的建设和运行期间，不可避免地会对海洋生态环境造成影响，如对鸟类和鱼类的影响、对水环境的影响、对航运航道的影响及对民用和军事设施的影响等，需要采取相应的应对措施，减轻或避免海上风电场对生态环境的不利影响。

1. 海上风电场对环境的影响分析

(1) 海上风电场对鸟类的影响

海上风电场在施工和运行期间会对鸟类的生存环境造成影响，主要包括撞击、干扰转移、障碍效应、栖息地改变及丧失等。其中，撞击和干扰转移是国际环境保护学者最为关注的影响。

- 撞击：如果海上风电场位于鸟类迁徙的路线上，则鸟类不但会与风电机组的风轮、塔架和机舱相撞，还会与电力线和测风塔等附属设施相撞，造成致命伤害或直接死亡。
- 干扰转移：鸟类为了躲避海上风电场带来的威胁和干扰，整体迁移到其他区域。

- 障碍效应：鸟类为了避开海上风电场，改变迁徙或本地的飞行路径。
- 栖息地改变和丧失：海上风电场的基础建设包括发电机基座、变电站、海底电缆等，可能会导致鸟类改变或丧失原有的栖息地，海上风电场规模越大，影响越明显。

（2）海上风电场对渔业的影响

海上风电场在施工和建设期间会对渔业活动和渔业资源造成影响。海上风电场大部分处于近海，会占据有限的渔业区域，海上风电场施工会阻止当地的拖网作业，干扰渔民的捕鱼活动和范围。海上风电场因施工建设造成的海洋环境废弃物污染，不适合鱼类食用；悬浮物积聚造成水体缺氧，使海洋生物大量死亡；颗粒物浓度上升影响鱼类视力，使其无法正常摄取食物而营养不良，最终造成渔业养殖的大量损失。

（3）海上风电场对水环境的影响

海上风电场在施工期间会排放大量的生活污水，若得不到及时有效的处理，会对周边环境造成损害。在施工作业中，海上风电机组和升压站地基打桩和钻孔、海底电缆敷设需要深挖海沟，导致海底泥沙和沉积物悬浮，致使水体浑浊，对海域水质造成污染，影响海洋生物的正常生活。海上风电场建成后，海床环境会因人工建筑而变化，改变原有沉积物和水文特征，进而影响底栖生物和浮游生物的多样性。

（4）海上风电场对航运航道的影响

如果海上风电场场址接近航运航道，可能会对船舶的正常航行造成干扰，如果遭遇大雾、暴雨等恶劣天气，则船舶可能会撞击风电设备而引发安全事故，甚至造成人员伤亡。风电设备运行过程中会产生一定的电磁辐射，可能影响雷达的探测精度，使船舶通信功能紊乱，进而影响航行安全。

（5）海上风电场对民用及军事设施的影响

由于海上风电机组叶片转动产生的多普勒效应及风电机组本身的雷达散

射截面效应，会对防空雷达、民航雷达、海底潜艇雷达、军事雷达等产生干扰，使雷达对目标探测及追踪失效，造成致命的安全隐患。海上风电机组叶片转动会改变降雨方向，塔筒会阻碍雷达探测波的发射路径，提高地震噪声水平，影响地震监测和核爆炸监控仪器的正确判断。

2. 改善海洋生态环境的有关措施

为了降低海上风电场对生态环境的不利影响，需要采取改善海洋生态环境的相关措施。

（1）科学规划，合理布局

为了降低海上风电场在施工与运行期间对海洋生态环境的影响，在海上风电场选址阶段要做到科学规划、合理布局，将可能造成的不利影响降到最低。首先，海上风电场的场址要尽量选择在远离海洋生物栖息地的区域，更多地向深海发展，以减轻在施工作业期间对海洋生态的影响；其次，要远离海上航道、生态湿地等区域，尽可能减少对海洋运输的干扰，有利于进一步扩大施工规模。

（2）施工管理，运行监督

在海上风电场施工和运行阶段要加强施工管理和运行监督。首先，相关部门要认真履行自身的监督职责，对海上风电场的设计方案进行认真严格审核，如不符合建设标准，则绝不予以批复。海上风电场施工完成后，对其日常运行要加强监管，确保不会对周边环境造成严重影响。其次，环保部门要加强海上风电场的环保监测，对水环境、鱼类、鸟类、渔业资源等生存环境进行准确评测，对于环境影响较为严重的项目，责令限期整改，尽力维护海洋生态系统平衡。

第 4 章 海上风电场建设

4.1 引言

海上风电机组尺寸和质量大，受风浪影响，施工窗口有限，海上运输和施工条件差，技术难度大，风险和建设成本高，对设备的运输能力、作业水深和起吊能力提出了严格的要求，需要考虑海洋水文、气象、航道和海床等各种因素的影响，设计合理的运输方案和施工设计方案，从而保证运输和施工安全，降低成本，缩短工期。

本章主要介绍海上风电设备运输、海上风电场施工建设及海上风电场施工管理等内容。

4.2 海上风电设备运输

海上风电设备运输的费用是施工成本的重要组成部分。运输方式在很大程度上决定了施工效率及总费用。与陆上风电设备运输相比，海上风电设备运输的部件尺寸和质量更大，且受施工天气窗口期、设备安装方式等影响，环节较多，难度和费用倍增。为了提升施工效率，降低运输成本，需要针对部件交付、码头拼装及海上运输等环节进行详细调研，确定最佳策略。

4.2.1 部件交付

部件交付是指风电机组供应商将设计制造完成的塔架、机舱、轮毂、叶片、基础及升压站等部件交付给位于港口的陆上装配点或安装位置的过程。不同部件的交付方式存在一定的差异性。陆上和海上升压站、海上风电机组基础直接交付到安装位置，不需要在港口进行陆上装配。此外，阵列和输出电缆敷设船已经装载了电缆，不需要在港口进行装配；塔架、机舱、叶片等部件在设计制造完成后，应交付到港口的陆上装配点。由于部件在不同的地方生产且尺寸较大，因此需要统一运输到一个码头以便进行拼装和集合上船，此时应根据供应商的位置和部件的尺寸，首先考虑水路运抵装配点，若无条件，则采用陆上运输，要求和特性与陆上相似。需要注意的是，受限于陆上装配点空间和海上安装条件，不需要在同一时间将海上风电场的所有部件都送达，应根据制定好的安装策略，在上一组部件装载或安装完成之后再送达。部件供应商可以在计划运送之前制造部件，可避免存储问题。

4.2.2 码头拼装

由于海上作业条件差、可作业时间短、安装难度大，因此应尽量减少海上风电机组的吊装时间。根据安装策略，海上风电机组相关部件需要在港口的陆上装配点完成安装后，再装载到装配船上，运输到海上风电场。因此，海上风电场在建设期间，通常会有一个专门的集结、拼装码头，用于部件的临时堆放、拼装及装船作业。由于我国目前海上风电码头资源紧缺，因此部分项目将一些简单的码头拼装作业设置在海上的大型驳船上，码头仅用来集港装船。

海上风电机组码头拼装方式主要取决于海上风电机组的吊装工艺、码头条件、施工船舶类型和能力、海上风电场位置等，主要分为海上风电机组整体拼装和海上风电机组部件拼装。

海上风电机组整体拼装是在码头上寻找合适的空地或在码头系泊的驳船上进行风电机组的塔架、机舱和叶片的拼装。海上风电机组整体拼装对后续安装过程中起重船吊装能力、整体起吊装船和运输中的稳定性、组装后的海上风电机组与基座的对准、安装能力等都要求很高。

海上风电机组部件拼装主要分为塔架拼装、三叶式拼装、兔耳式拼装等。

- 塔架拼接是将塔架（一般是 3 节或 4 节）在陆上装配点安装，并将整个塔架结构用螺栓固定在装配船的甲板上，以最大限度提高装配船的载荷能力。
- 三叶式拼装是在陆上将海上风电机组的三个叶片和毂帽安装好，组装成风车头（未与机舱连接），有效减少海上叶片安装时定位、对接等系列高空作业，降低海上施工难度。
- 兔耳式拼装是在陆上将海上风电机组的两个叶片安装在毂帽上，并与机舱连接，形成兔耳式，能够有效利用甲板面积。

海上风电机组部件拼装的最大优点是，不需要太高要求后续安装过程中的起重机起重能力，但对起重作业时船舶稳定性的要求很高，需要保证下部塔筒与上部塔筒之间准确对位、上部塔筒与机舱之间准确对位、轮毂与机舱之间准确对位（三叶式安装）或第三片叶片与机舱轮毂之间准确对位（兔耳式安装），通常采用带自升式桩腿的平台或船舶，以保证安装精度和施工进度[23]。

4.2.3 海上运输

受自然环境条件、吊装能力、船舶性能等多种因素的制约和影响，海上风电机组组装难度大。为了规避风险、缩短工期，海上运输方式应与海上风电机组吊装方式相匹配，主要分为整体运输和分体运输两种运输方案[32]。

(1) 整体运输方案

整体运输方案是将整体拼接好的海上风电机组运输到安装位置。由于海上风电机组质量大、重心高、受力不均匀，因此整体运输时对起吊船和运输船的性能要求较高。对于大规模开发的海上风电场，海上风电机组的运输需求量大，单一采用大型起重船进行运输和安装一体化的施工方案无法满足运输量和施工工期要求，通常可采用驳船、运输船专司交通运输、由起重船吊装的方案。

(2) 分体运输方案

分体运输方案是将海上风电机组部件拼接好后，运输到安装位置。海上风电机组部件质量要比整体小得多，装船、运输时的稳定安全控制难度相对较小，通常采用专用安装船运输和吊装，也可采用自升式平台吊装，驳船或其他运输船运输。

对于离岸较远的海上风电项目，为了能单次运输多套风电机组，同时保证风电机组在开阔海域吊装过程中的稳定性和安全性，欧洲海上风电场在建设期间，通常使用海上风电安装船运输。我国的海上风电项目离岸距离较近，加上自升式安装船资源较少、能力较弱，运输驳船资源丰富，因此目前基本上都是使用驳船在码头和安装船之间运输部件。随着风电场离岸距离越来越远和国内自升式安装船资源的丰富，采用安装船直接运输将成为趋势。

海上运输时，应根据海上风电机组的台数和部件参数，配置合适的运输船舶和相应的引导船。装船前，应充分了解起吊设备（含吊具、吊带、卸扣等）如何操作风电机组大部件的吊装与倒运；装配甲板货物时，应尽量避开舷窗、排水孔及阀门等设备，以免影响起重机等设备的操作；船舶甲板上装载货物后，要对船舶的稳定性进行校核，一般舱底应装配比重较大的货物以降低船舶的重心高度，装在船舷的货物要保持质量基本相当，避免船舶发生倾斜，影响航行安全。

4.3 海上风电场施工建设

海上风电场施工建设受有限的施工天气窗口、海洋波浪条件、工程规划、技术和组织管理水平等多种因素制约，施工周期相对陆上风电场更长，施工难度更大，施工成本更高。因此，海上风电场施工建设要在合理规划、科学设计、有效成本和风险控制条件下按时保质完成。海上风电场施工建设的重点在于基础、海上风电机组、海底电缆及海上升压站等的施工建设，影响施工建设进度的一个关键因素在于海上风电场专业安装船的有效选取。因此，本节将重点对海上风电场施工建设流程、海上风电场安装施工及海上风电机组专业安装船等三个方面进行介绍。

4.3.1 海上风电场施工建设流程

海上风电场施工建设的基本流程可分为规划组织、制造准备、安装施工和测试联调等四个阶段[33]。

(1) 规划组织阶段

在规划组织阶段，应根据海上风电场施工建设需求进行海床勘探测试，调研相关海域的天气和海浪信息等现场施工条件，制定施工窗口和航行路线，根据项目特点和所选用海上风电机组的施工要求，确立全面的海上风电机组安装施工计划，提前做好预案，为后续工程的顺利进行打下坚实基础。

（2）制造准备阶段

在制造准备阶段，在控制项目成本的前提下，完成相应设备的准备及预装，主要包括输变电设备的设计、制造和施工设计，海上风电机组码头安装和预装的准备、计划、预装施工，塔架及基础生产的预装工作，风电机组安装船的选取和准备等，是缩短海上风电项目施工工期和控制项目成本的重要保障。

（3）安装施工阶段

安装施工阶段是海上风电场施工建设最为关键的阶段，主要包括基础施工、海上风电机组吊装、海上升压站建设及海底电缆敷设等四个方面。

（4）测试联调阶段

在安装工程完成后，进入测试联调阶段，需要对单台风电机组进行运行性能和通信功能的测试、与岸上监控中心联调、海上风电场联调、系统并网测试、输变电能力测试等，以保证项目能够正式顺利投运。

4.3.2　海上风电场安装施工

海上风电场安装施工是海上风电场施工建设的关键环节，受海况、风况、海床地质条件等自然环境因素的影响。海上风电场安装施工工艺及难度与陆上风电场存在很大差别，主要体现在基础施工、海上风电机组吊装、海上升压站施工建设及海底电缆敷设等关键环节。

1. 基础施工

受离岸距离、海水深度、海床地质条件、风电机组容量及施工资源等多种因素的影响，海上风电机组基础形式多样。不同类型基础的施工工艺差异明显，所需要的施工船舶、施工设备、施工时间及施工成本也大不相同。根据不同基础形式，下面将分别介绍桩承式基础、重力式基础及浮式基础等三种类型基础的施工方式。

(1) 桩承式基础施工方式

桩承式基础根据桩基数量和连接方式的不同，可分为单桩基础、三脚架基础、导管架基础及多桩承台基础等。不同桩承式基础施工方式同样存在一定的差别。

① 单桩基础施工方式。

单桩基础是将单根大直径的管桩，直接利用液压锤打入海床以下，是目前海上风电场应用最多的基础形式。单桩基础施工方式需要预先定好打桩位置，然后通过起重机和抓手装置将桩垂直竖立在海底，采用液压锤和抱桩器将桩打入海底预定深度，在打桩的过程中，需要通过抱桩器上的传感器和检测设备实时校对垂直度。单桩被固定在海床后，过渡件被提起，并同时向桩内灌浆。打桩时间取决于海床的地质条件、桩直径和厚度及液压锤的重量。打桩深度取决于海床地质条件和设计载荷。如遇到坚硬的地下岩石，还需要通过桩筒插入钻头钻过岩石层。

② 三脚架和导管架基础施工方式。

由于三脚架和导管架的质量更适合将结构保持在合适位置，所以固定桩的直径和长度明显比单桩基础要小。三脚架和导管架基础在施工时，或者通过基础每个脚的套管打桩，或者将基础放在预打桩位置，桩套管与钢管桩的连接在水下进行，采用灌注高强化学浆液或填充环氧胶泥、水下焊接等措施连接。

③ 多桩承台基础施工方式。

多桩承台基础施工方式比较成熟，目前仅在中国海上风电项目中有应用。多桩承台基础主要由桩和承台组成，由于使用多根小直径钢管桩（一般小于2m），因此对打桩设备要求较低，施工较大直径单桩容易。由于钢筋混凝土承台需要在海上通过钢筋笼绑扎、混凝土浇筑及养护，因此施工工期较长，制造和施工成本较高。

(2) 重力式基础施工方式

重力式基础具有结构简单、施工方便、价格比单桩基础便宜、稳定且不受海床环境影响等优点。钢筋混凝土重力式基础通常在陆上预制完成后，再运输到现场进行安装，首先采用挖掘船在海底挖一个深坑，并保证坑底的平整度，然后吊装重力式基础下沉至坑底，最后用泵将海砂吸入中空的基础中，等待海砂沉淀并压实后，将上方多余的水抽出。重力式基础质量达数千吨，尺寸较大，需要动用大型驳船及浮吊进行安装，同时对海床要求较高，海上调平困难，适用于天然地基较好的区域，不适合软地基及冲刷海床。

(3) 浮式基础施工方式

浮式基础适用于水深为50m以上的深海风电场，通常先在陆上预制组装完成，然后利用船舶拖到指定机位点，也可以在码头把基础和风电机组整体安装完成后，再拖到机位点。浮式基础由于设计复杂、施工对天气条件要求高，且浮式风电机组运行控制策略还不够成熟，因此目前国内外仅处于模型或样机试验阶段。

2. 海上风电机组吊装

海上风电机组吊装是海上风电场施工建设中最重要的复杂系统工程。根据海上风电机组安装工艺要求、安装船舶的能力及场址条件等因素，海上风电机组吊装工艺差别很大，通常归为整体吊装和分体吊装两大类。

整体吊装是一种选择码头作为拼装场地，在码头完成海上风电机组主要部件组装和调试工作后，将海上风电机组整体吊运至安装地点，由起重船将海上风电机组整体吊装到平台上进行安装。在整体吊装过程中，为了避免塔架与平台发生碰撞，需要采用锚泊定位，为确保塔筒与平台准确对中，需要采用特殊装置的软着陆系统和风电机组整体平移对中系统[33]。

由于整体吊装需要专业的拼装码头，对施工船舶、作业天气要求高，目前在行业内应用较少。分体吊装由于相对灵活，吊装资源多，是目前最为常见、应用最为广泛的海上风电机组吊装方式。分体吊装采用与陆上类似的方法，主要分为单叶式机组吊装方式、兔耳式机组吊装方式及三叶式机组吊装方式等。

（1）单叶式机组吊装方式

单叶式机组吊装方式即分别吊装海上风电机组的三个叶片，主要分为三个叶片按照Y形吊装和三个叶片均水平吊装两种情况。前者不需要对风电机组进行盘车适应性设计，但叶片安装吊具结构非常复杂，吊具可靠性差。后者安装速度快，但直驱海上风电机组盘车非常困难。单叶式机组吊装方式主要分为三种[23]。

① 第一种采用塔筒-机舱-发电机-轮毂-叶片均独立吊装的方式，安装过程为：首先，塔筒用一个或两个起重机逐段单独吊装；然后，分别吊装机舱、发电机和轮毂；最后，分别吊装所有叶片。该方式不涉及陆上部件预组装，对码头资源要求较低，同时吊装质量相对不大，但需要设计各部件支撑工装、吊点及吊装夹具，海上吊装时间长、效率低、成本高、中断风险大，适合离海岸较远的海域。吊装船可采用自升式平台驳船或自航式安装船。

② 第二种采用塔筒-机舱与发电机预组装-轮毂-叶片的吊装方式，机舱和发电机需要提前在码头进行预先组装，安装过程为：首先，塔筒用一个或两个起重机逐段单独吊装；然后，吊装已组装的机舱和发电机，并吊装轮毂；最后，分别吊装所有叶片。该方式涉及少量陆上部件预组装，同样对码头资源要求较低，机舱与发电机同时吊装，吊装起重机的吊装能力较第一种方式要求高，且需要设计开发机舱和发电机的组装支撑工装与单叶片吊装夹具，同时要求风电机组具备机舱和发电机组装吊装的吊点和相应的工装吊具，吊装效率偏低，吊装成本较高。吊装船可采用自升式平台驳船。

③ 第三种采用塔筒-机舱、轮毂与发电机预组装-叶片的吊装方式，安装过程：首先，在码头组装机舱、发电机和轮毂；然后，塔筒用一个或两个起重机逐段单独吊装，并吊装已组装的机舱、发电机和轮毂；最后，分别吊装所有叶

片。该方式涉及陆上部件预组装，因不需要组装叶轮，故对码头资源要求同样不高，但需要设计开发机舱、发电机和轮毂的组装支撑工装和单叶片吊装夹具，同时要求风电机组具备机舱、发电机和轮毂组装吊装的吊点和相应的工装吊具，吊装效率一般，吊装成本一般。吊装船可采用自升式平台驳船。

（2）兔耳式机组吊装方式

兔耳式机组吊装方式即将海上风电机组的两个叶片预组装在轮毂上后，再进行吊装。兔耳式机组吊装方式主要分为两种[23]。

① 第一种采用塔筒-机舱-发电机-轮毂与两个叶片预组装-第三个叶片的吊装方式，安装过程：首先，在码头进行轮毂与两个叶片的组装，形成兔耳式叶轮；然后，塔筒用一个或两个起重机逐段单独吊装，并分别吊装机舱、发电机和兔耳式叶轮；最后，单独吊装第三个垂直叶片。该方式涉及陆上部件预组装，对码头资源要求一般，但对吊装起重机在轮毂高度处的最低起吊能力有要求（一般不低于300t），且需要设计开发兔耳式叶轮的组装支撑工装和竖直叶片吊装夹具，同时要求风电机组具备兔耳式叶轮组装吊装的吊点和相应的工装吊具，吊装效率一般，吊装成本一般。吊装船可采用自升式平台驳船、自航式安装船或起重船。

② 第二种采用塔筒-机舱、发电机、轮毂两个叶片预组装-第三个叶片的吊装方式，安装过程：首先，在岸上进行机舱、发电机、轮毂与两个叶片的组装，形成兔耳式机头；然后，塔筒用一个或两个起重机逐段单独吊装，并吊装组装在一起的兔耳式机头；最后，单独吊装第三个垂直叶片。该方式涉及较多的陆上部件预组装，对码头资源要求高，吊装起重机在轮毂高度处的最低起吊能力显著高于第一种吊装方式（一般不低于600t），需要设计开发兔耳式机头组装支撑工装和竖直叶片吊装夹具，同时要求风电机组具备兔耳式机头组装吊装的吊点和相应的工装吊具，吊装效率较高，吊装成本一般。吊装船可采用自升式平台驳船、自航式安装船或重型起重船。

(3) 三叶式机组吊装方式

三叶式机组吊装方式即在陆上将海上风电机组的三个叶片与轮毂组装成叶轮，可不与机舱连接；在海上运输时，要合理调整叶片放置角度，以有效利用甲板空间；在海上安装时，先把机舱吊装在塔架上，然后将已组装好的叶轮直接吊装在机舱上，能够减少海上叶片安装时定位、对接等步骤，降低施工难度和时间。三叶式机组吊装方式主要分为三种[23]。

① 第一种采用塔筒-机舱-发电机-轮毂与三个叶片预组装的吊装方式，安装过程：首先，塔筒用一个或两个起重机逐段单独吊装；然后，分别吊装机舱和发电机；最后，用主、副吊车吊装已组装的叶轮。该方式涉及部分陆上部件预组装，叶轮岸上组装花费时间较长，对码头资源要求较高，组装的叶轮尺寸庞大，对吊装起重机在轮毂高度处的最低起吊能力要求高（一般不低于300t），且需要设计开发叶轮组装工装，同时要求风电机组具备叶轮吊装吊点和相应的吊具，吊装效率稍高，吊装成本一般。吊装船可采用自升式平台驳船。

② 第二种采用塔筒-机舱与发电机预组装-轮毂与三个叶片预组装的吊装方式，安装过程：首先，塔筒用一个或两个起重机逐段单独吊装；然后，吊装已组装的机舱和发电机；最后，用主、副吊车吊装已组装的叶轮。该方式要求大部分部件在陆上预组装，对码头资源要求较高，机舱与发电机同时吊装，组装的叶轮尺寸庞大，对吊装起重机在轮毂高度处的最低起吊能力要求高（一般不低于400t），需要设计开发机舱和发电机的组装支撑工装和叶轮组装工装，同时要求风电机组具备机舱与发电机组装吊装吊点、叶轮吊装吊点及相应的吊具，吊装效率高，吊装成本适当。吊装船可采用自升式平台驳船或自航式安装船。

③ 第三种采用塔筒预组装及机舱、发电机、轮毂与三个叶片预组装的吊装方式，在码头组装塔筒，同时分别组装机舱与发电机、叶片与轮毂，安装过程：首先，塔筒整体吊装；然后，吊装已组装的机舱和发电机；最后，吊装叶轮。该方式要求大部件在陆上预组装。在陆上组装塔筒时需要设置基础

平台，对码头资源要求高，吊装起重机的最低起吊能力要求高（一般不低于800t)，需要设计开发机舱和发电机的组装支撑工装和叶轮组装工装，同时要求风电机组具备机舱与发电机及叶轮组装吊装吊点和相应的吊具，由于不需要组装塔筒及叶轮，吊装效率高，但陆上组装成本高。吊装船可采用自升式平台驳船。

3. 海上升压站施工建设

海上升压站是大型海上风电场输变电系统的关键组成部件，用于把海上风电机组输出电压（如 35kV）升至更高的电压（110kV/220kV)，以便进行长距离传输。海上升压站施工建设主要包括基础施工和上部平台施工两个部分。

(1) 基础施工

海上升压站不同基础形式具有不同的施工工艺，应用较多的是重力式基础、单桩基础及导管架基础。由于海上升压站基础施工工艺与风电机组基础类似，故此处不再赘述。

(2) 上部平台施工

为了尽量减少现场安装次数，避免现场焊接可能造成的质量缺陷，缩短海上设备的安装调试时间，在具备大型浮吊船的条件下，海上升压站上部平台宜采用陆上组装方式，即将各层结构分层预制拼装，在相应安装层完成后，再进行层面上电气设备的安装工作，最终形成可整体出运的上部组块（包括电气设备）组合体[33]。

海上升压站上部平台施工环节主要包括升压站上部组块装船、运输船只规模选择、起吊方案规划、升压站上部组块海上安装等。其中，起吊方案是整个升压站施工的重点，需要考虑分层设置吊点、单层至整体组合计算及设置上部吊架等几个方面。升压站上部组块的海上安装方式主要分为浮托法和起重船吊装法。浮托法是通过运输船调节压载水舱的水量和潮位变化条件，使运输船稳步下沉，将上部组块整体安装进基础连接套管内，从而完成上部组块的整体安装，主要应用于不便用浮吊船安装的超大、超重模块等情况，对运输船尺寸和基础形式设计方案的匹配限制要求严格，国内海上风电领域暂无应用。起重船吊装法即采用大型起重船从运输船上将上部组块整体起吊，并安装到基础结构上，简单易操作，是海上风电场升压站的主要吊装方法。

4. 海底电缆敷设

海底电缆按照应用不同，主要分为内部阵列电缆和输出电缆两大类。内部阵列电缆主要是连接海上风电场风电机组并汇入海上升压站所用的海底电缆。输出电缆是将海上风电场产生的电能从电场传送至电网的海底电缆。两者的主要区别在于电压等级不同，但敷设施工工艺类似。

海底电缆敷设方案会根据不同海上风电场的水文地质条件、离岸距离、装机容量等具体分析和确立，总体敷设流程基本类似，主要包括施工准备（牵引光缆布放、扫海准备等）、装缆运输、始端登陆施工、海中段电缆敷设及保护、海上风电机组或升压站侧海缆安装与固定及测试验收等。

（1）施工准备

根据海上风电场微观选址确定的海缆登陆点和路由方案，确定经济合理的海缆敷设方案，选用相应的光缆和施工方式进行施工布放，并利用拖轮拖带扫海锚具清理海底残存的渔网等障碍物。

（2）装缆运输

装缆地点一般为海底电缆生产厂家码头。装缆时，施工船靠泊固定，可以采用电缆栈桥输送海缆至施工船，并盘放在固定的缆舱或盘缆台上。海底电缆采用托盘或线轴装盘放置，采用吊机直接吊放至施工船甲板。

（3）始端登陆施工

根据海上风电场所处海域具体情况，登陆岸选择地形平坦、水深不宜过深的岸点，海底电缆敷设船尽可能靠近岸边，抛锚艇抛锚定位。采用登陆点绞车回卷电缆，牵引海底电缆到登陆点设定位置。海底电缆登陆时需要借助泡沫浮筒，在电缆一定间隔位置绑扎浮筒，以便海缆在登陆时浮出水面。

（4）海中段电缆敷设及保护

海底电缆通常采用直埋或外部覆盖的保护方法。直埋保护主要包括冲埋法、刀犁法、切割法及预挖掘法等。外部覆盖保护通常采用人工覆盖物保护[23]。

① 直埋保护法。

- 冲埋法：使用埋设犁的掘削部装有喷嘴，所喷射出的高压水在海底冲出沟槽后，通过专用导轨或通道将海缆和中断器引导至沟槽。埋设犁主要分为固定在船舷的靴式冲埋机和犁式埋设机，作业水深一般小于60m，最大埋深可达10m，埋设速度与海底地质条件和埋深有关，一般为1～15m/min。
- 刀犁法：通过敷缆船牵引索拖拉埋设犁，安装在埋设犁尾部的刀犁在海床掘削一条沟槽后，将海缆和中断器埋入，使用的敷缆船较大，所需辅助船较少，抗风能力强，施工速度快，具备状态监视和控制功能，埋设深度由刀犁决定，并可以通过控制系统调节埋设深度。目前，世界上最新埋设犁的埋设深度可达4m以上，最大作业水深达2000m。
- 切割法：在海缆敷设前，采用切割轮、切割链或其他专业机械粉碎机沿着预设线路开沟，适用于海底岩石层和硬土层，施工速度很慢，施工费用较贵，一般用于短距离海底电缆敷设。
- 预挖掘法：先使用反铲式挖泥船挖掘沟渠，再用海缆敷设船将海缆敷设在沟槽中，最后使用挖泥船填充沟槽，适用于海底淤泥层较厚的海域，施工工序较多，施工速度较慢，施工费用较贵。

② 人工覆盖保护法。

人工覆盖保护法是采用半片铸铁管、混凝土盖板、水泥填充物、抛石块等人工覆盖物来保护敷设的海缆，主要用于无法避开岩石段、海缆与其他管线交叉、海底泥土层太薄及不允许大型船舶进入的相关海域。其中，抛石块是比较常用的方式，主要利用专业船运输，并采用柔性落石管将碎石块沿着海底电缆路线抛落，敷设过程中需要辅助相应的控制和监视。

（5）海上风电机组或升压站侧海缆安装与固定

首先，将引线从J型管中牵引出来，将引线头与待接海缆连接后，将海缆缓慢放入海底；然后，在J型管上端出口处缓缓拖拽引线，使海缆逐步靠近J型管下端进口处并进入J型管；最后继续牵拉引线，直到海缆被牵引出来，与海上风电机组或升压站连接固定。

（6）测试验收

海底电缆投入运行时，需要对海底电缆进行直流耐压试验，能够考核海底电缆的绝缘性能及其承受过电压的能力，并能够有效检测海底电缆的机械损伤、介质受潮等局部缺陷。直流耐压试验的基本原理是将直流电压（高于海底电缆的正常工作电压）施加在海底电缆的主绝缘上，将该电压保持一段时间并尽量保持恒定，如果海底电缆试样不出现击穿现象，则可以判定符合要求，即可投产运行。

4.3.3 海上风电场专业安装船

1. 海上风电场专业安装船分类

海上风电场专业安装船是建设海上风电场的关键设备，根据功能和用途的不同，主要包括起重船、自航自升式安装船、自升式平台驳船、重型起吊船、敷缆船及扩展船等。

（1）起重船

起重船又称浮吊船，是一种利用千斤顶桩腿建立坚固升举台的自航式载重船，主要用于港口或锚地超大件货物的装卸，如图 4-1 所示。

图 4-1 起重船

根据船上起吊设备的不同，起重船主要分为固定式和旋转式两种。固定式起重船是吊臂固定在船上的一个方向，类似桅杆吊，只能起升和降落，不能回转，靠拖轮或牵引锚链使整个船缓慢旋转，货物跟随船运动而达到回转的目的，并最终达到预定位置。旋转式起重船是指起重臂能够 360°回转，机械构造较固定式起重船复杂得多，从吃水量、排水量和工作深度来看，多用于深海风电场的施工；从甲板面积上来看，甲板面积大、装载能力强，能够避免来回运输零部件所耽误的时间和消耗的成本，起重能力大，起重高度高，多用于整体吊装大容量风电机组[23]。

(2) 自航自升式安装船

自航自升式安装船是一种有 4~6 个桩腿的大驳船，能以 8~12n mile/h 的速度行驶，甲板承载能力为 1500~6500t，如图 4-2 所示。自航自升式安装船和自升式平台驳船的区别在于是否有自推力和起重能力的大小。自航自升式

图 4-2　自航自升式安装船

安装船具备一定的自航能力和操纵性，有较大的甲板承重能力和甲板空间，通常可以载运 6~8 台海上风电机组，减少对港口的依赖。自航自升式安装船配备专门用于海上风电机组安装的大型吊车和打桩设备，能够快速移船定位，稳定可靠自升，抵抗更加恶劣的海况和天气，增加作业时间窗口，提升安装效率。

(3) 自升式平台驳船

自升式平台驳船通常配备起重吊机和 4~8 个桩腿，如图 4-3 所示，在到达现场并定位完成后，将桩腿插入海底支撑固定船舶，通过液压升降装置调整船舶可完全或部分露出水面，成为不受波浪影响的稳定平台。自升式平台驳船的大小介于起重船和自航自升式安装船之间。一般小型自升式平台驳船可以载运 2 台海上风电机组。一艘大型自升式平台驳船可以载运 6~8 台海上风电机组。自升式平台驳船不是自航式的，要用缆索固定位置，运输速度取决于拖船的力量，通常为 4~8n mile/h，转场准备时间较长，操纵不便，需要相对较好的海况。

图 4-3 自升式平台驳船

(4) 重型起吊船

重型起吊船具备一个不用附加提升系统、高起吊能力的起吊机，拥有驳船外形，如图 4-4 所示。重型起吊船包括三脚起重机、转臂起重机和其他漂浮式起重机，广泛用于近海石油和气体工业建设，很少用于安装海上风电机组，但可以用于基础建设、海上风电机组整体吊装和海上升压站建设。

图 4-4 重型起吊船

(5) 敷缆船

敷缆船又称敷设用船舶，主要用于敷设海上风电场内部阵列电缆和输出电缆，也可兼作电缆维修船，如图 4-5 所示。敷缆船是一种大型驳船或专门用来电缆敷设操作的自航式驳船，在浅水海域作业时，定位方式通常有锚泊定位和动力定位。在浅水海域作业时，通常采用锚泊定位方式，船舶的移位通过控制锚链长度实现，可靠性高，操作方便，对环境适应能力较强，投资较少，具有较高的工程应用价值。敷缆船在敷设海底电缆的过程中，需要考虑船体在风浪流作用下的运动响应、系泊系统对环境载荷的承载能力及海底电缆和托管架对船体的作用力等。

图 4-5　敷缆船

(6) 扩展船

在海上风电场的每个安装阶段都需要扩展船，主要包括海员船、多功能船、拖船、潜水补给船及挖泥/冲刷船等。扩展船在安装过程中的主要用途：一是为安装船活动提供支撑，如船员运输、锚固、拖拉及其他功能；二是运输部件，特别是从海岸基地到海上风电场之间运输基础。扩展船的大小和构成取决于安装船的规格、运输策略、离岸距离、环境状况、海上风电机组及基础重量、工程规模、租用船舶费用及可利用性等。

2. 海上风电场专业安装船的选取

海上风电场专业安装船的选取对海上风电场的施工建设成本和进度具有重要影响，需要综合考虑工程规模、施工条件、离岸距离、部件规格及重量、安装策略及安装费用等多种因素，关键技术参数包括最大起重量、最大作业高度、最小作业半径、吊机回转能力、吊机数量、最大载重量、甲板面积、吃水深度、航行能力、定位能力及桩腿升降能力、其他设施设置等。

（1）最大起重量

最大起重量是指起重机在正常工作条件下，允许吊起的最大额定起重量。对于幅度可变的起重机，最大起重量是指最小幅度时，起重机在安全工作条件下允许提升的最大额定起重量。吊机的最大起重量决定了安装船的安装能力，至少不能小于被吊物的最大重量。安装船的选取不能仅根据最大载荷，还需要考虑作业半径、风电机组高度及吊机的载荷曲线表[23]。

（2）最大作业高度

最大作业高度是指吊机在最小作业半径内，吊臂吊钩的中心到甲板的最大高度，通常与吊机的吊臂长度有关。由于海上风电机组轮毂中心一般较高，对吊机的吊重和吊高均有严格要求，因此在核算吊机的时候，需要考虑吊机载荷曲线表，选取具备合适起吊重量和作业高度的安装船。

（3）最小作业半径

最小作业半径是吊机升到最大高度时，吊机中心到吊钩垂线的距离。最小作业半径通常与吊机的位置有关，在吊装风电机组时，往往是指吊机中心到风电机组中心的最近距离。该距离应该小于吊机回转中心到最近甲板边缘的距离。在安装风电机组时，吊机的作业半径取决于吊机在船上的位置及安装船与风电机组之间的停靠距离。

起重量、作业高度和作业半径三者之间存在着相互制约的关系，技术性能通常由起重性能曲线图或起重性能对应数字表展现，在安装船选取过程中，需要统筹考虑三个要素是否满足海上风电场的安装要求。

（4）吊机回转能力

安装船上的吊机主要分为全回转式和固定臂式等两种形式。全回转式吊机可以360°旋转吊臂，能够多位置、多角度安装，对安装站位没有要求。固定臂式吊机只能安装正前方的风电机组，对安装角度要求较高，在吊装时，只能通过爬杆的方式调节位置。

(5) 吊机数量

吊机数量是指安装船上能够用来拼装、组装及吊装的吊机数量，一般在安装船上配备用来吊装的主吊和用来拼装、转移、甲板布置及溜尾的辅吊。吊机数量对吊装方式、吊装进度及吊装组织计划等有重要影响。

(6) 最大载重量

最大载重量是指船舶容许载运的最大重量。安装船的最大载重量能够反映装载能力、运输能力、船体大小及生存能力等。最大载重量的选取主要取决于离岸距离、运输策略、安装策略及部件规格和质量等。

(7) 甲板面积

船体在水平方向布置的钢板被称为甲板。甲板是船体的重要构件，可提供布置各种舱室和机械设备的面积，对保证船体强度及不沉性具有重要作用。甲板面积影响装载能力、运输能力、拼装能力、拼装效率和施工组织的计划等。在海上风电机组吊装过程中，倾向于选取甲板面积大的安装船，能够有效解决运输问题，且可降低对船只数量的需求和运输成本。

(8) 吃水深度

吃水深度分为设计吃水深度和结构吃水深度，结构吃水深度比设计吃水深度大。设计吃水深度是指船体中部由平板龙骨下缘量至设计水线上缘的垂直距离，用于保障船舶在运营过程中的安全稳定性。结构吃水深度是指船体中部由平板龙骨下缘量至设计载重线的垂直距离，用于保障船舶在运营过程中的结构安全。吃水深度（非自升式）受航行和施工水深的影响，对于海上风电场的安装船，吃水深度一般为 6~10m。

(9) 航行能力

航行能力是指船舶是否具备自主动力航行能力及航速。没有航行能力的安装船，在转场时一般使用拖轮或助推装置：拖轮的速度取决于拖轮的动力大小，通常航速为 4~5 节；助推装置的航速一般为 2.5~4 节。具备自航能力安装船的航速取决于动力大小，正常航速一般可以达到7~8节。航行能力影响安装机动性、安装转场效率、是否需要拖轮、安装成本、安装方案和吊装位置的选取等。

（10）定位能力及桩腿升降能力

安装船的定位能力通常由动态定位系统决定，影响风电机组的系泊速度和方式。带有动态定位系统的安装船能够快速准确地到达预定安装位置。桩腿升降能力是针对自升式安装船来说的，取决于安装船桩腿数量、桩腿样式、升降系统的升降技术和方式等。桩腿升降能力决定了插拔桩时间、插桩深度及可作业水深等。

（11）其他设施设置

其他设施主要包括人员生活区域、后勤保障设施、直升机平台等。这些因素虽不是决定性的因素，但是在风电机组安装过程中同样具有重要的作用，如人员生活区域越大，能够参与施工的人员越多，作业速度更加迅速；后勤保障设施健全，施工人员的工作热情更饱满，工作开展更顺利；直升机平台能够在应急救援及人员转移方面表现出良好的机动性和灵活性。

4.4 海上风电场施工管理

海上风电场施工管理与陆上风电场相似，主要涉及施工成本、施工质量、施工进度及施工安全等方面的控制管理工作。施工进度和施工安全管理对项目成本和质量有着重要的影响。与陆上风电场相比，海上风电场施工建设受有限的施工天气窗口、复杂恶劣的海洋条件、特殊的运输安装策略等多种因素的影响，施工周期相对较长，施工难度和风险相对较大，导致施工成本更高，施工质量管理难度更大。因此，本节将重点对海上风电场施工进度和施工安全管理两方面进行阐述。

4.4.1　海上风电场施工进度管理

1. 海上风电场施工进度管理方法

海上风电场施工进度管理方法主要是通过业主单位定期检查施工单位进度报表材料或监理单位跟踪反馈现场实际情况等。

（1）确定工程进度报告制度

监理工程师要求承包商在下达开工令之前报送总体进度计划，在每月例会前一天报送下月进度计划，在每周例会前一天报送周进度计划，每天将前一日的施工进度日报表报送给监理。监理部每天将监理日报表报送给业主，包括经监理审核的前一天的施工进度情况及工程量完成情况。

（2）定期检查工程进度

① 巡视现场。

分项工程监理工程师和监理员应每日巡视工程现场，掌握现场进度动态，记录现场进度情况，并要求承包商提供每日进度记录，主要包括当日实际完成及累计完成的工程量，实际参加的人力、机械数量及生产效率，施工停滞的人力、机械数量及原因，承包商主管及技术人员到达现场的情况，发生影响工程进度的特殊原因等。

② 提交月进度报告。

监理工程师要求承包商每月提交一份详细的当月工程完成进度报告，主要内容包括概况或总说明、工程进度、工程图片、财务状况及其他特殊事项等。

（3）协调工程进度

监理工程师通过每月、每周召开的现场例会及专题会议，及时向业主通报工程进度情况，并及时下达调整指令。当实际进度滞后于计划进度时，责成承包商采取增加人力、机械，改进施工工艺，延长作业时间等有效措施来加快施工进度，以满足总工期的要求。

(4) 提交月工程进度报告

监理工程师在监理月报中向业主提交工程进度报告，并着重汇报影响工程进度的情况及改进建议。

(5) 建立进度控制台帐

监理工程师根据业主确定的工程里程碑计划编制详细的一级网络计划，每天通过软件系统分析承包商每日更新的施工实际进度与进度计划的偏差。在工程例会前对上一阶段工程进度进行检查，对当前工程进度计划进行分析及提出建议，并作为要求承包商加快工程进度、调整进度计划的依据。

2. 海上风电场施工进度影响因素

海上风电场施工进度主要受企业决策审批流程、企业采购管理程序、海洋自然环境条件、海床地质条件、设备供应能力、施工船舶设备要求及外部社会环境等多方面因素的影响。

(1) 企业决策审批流程

企业如果实行统一的集中管控，则项目决策审批流程繁琐且缓慢。集中管控将工程建设、招标采购统一纳入集中管控范畴，虽然在一定程度上避免了违规行为的出现，但对于项目来说却降低了灵活性和自主性，整体来说不利于施工进度的推动。

(2) 企业采购管理程序

企业如果实行集中采购的管理策略，则由集团公司对采购活动实行统一计划管理，所有需要采购的项目均需列入采购计划，严格按计划组织采购，未列入计划的项目不得安排采购。集中采购虽然降低了违规采购行为，但灵活性差、周期长也在一定程度上给项目建设带来了不利影响，使施工进度滞后。

(3) 海洋自然环境条件

海上风电场在建设施工过程中极易受极端气候或自然条件的影响，典型的如台风、大浪、潮流、海冰及海雾等。恶劣气候或自然条件可能导致海上施工船倾覆、风电机组塔筒断裂、叶片断裂或基础损坏等，延误建设施工，增加建设费用，甚至可能造成施工人员的伤亡，从而严重影响施工进度。

(4) 海床地质条件

海上风电场从选址规划设计到施工建设的周期较长，海床会经过洋流冲刷逐渐改变原有地质条件，从而可能使原有的设计规划方案变得不太适合，且受制于海洋环境和专业扫海及钻孔设备的性能，海床地质勘测的准确性难以完全保证，导致设计出现偏差，且往往在施工过程中才能够发现。海床地质条件变化和勘测误差的存在，使得原有海上风电场设计规划方案需要重新调整，从而影响施工进度。

(5) 设备供应能力

海上风电场施工建设涉及部件种类众多，且不同的施工安装策略所需要设备供应方式均不同。设备制造商提供产品和服务的能力，即设备供应的及时性和可靠性对海上风电场施工进度具有直接影响。

(6) 施工船舶设备要求

海上风电场施工建设需要专业船舶，包括起重船、自航自升式安装船、自升式平台驳船、重型起吊船、敷缆船及扩展船等。随着海上风电开发竞争越来越激烈，海上施工专业船舶设备捉襟见肘、供不应求，专业船舶的数量和性能无法满足海上风电场施工建设最佳的需求和状态，从而导致海上风电场施工进度滞后或暂停。

(7) 外部社会环境

复杂的外部社会环境包括政治环境、生态环境及经济环境等，具体构成者有政府机构及其办事人员、电网、居民及地方企业等，各方面对海上风电场的态度都会直接影响施工进度。

3. 海上风电场施工进度改善措施

为了保证海上风电场施工进度目标能够达成，必须提前对施工进度关键影响因素进行预评估，制定施工进度改善方案，避免或降低对施工进度的影响。从施工进度影响因素考虑，海上风电场施工进度主要的改善措施如下：

- 简化企业决策审批流程，优化采购管理程序，缩短海上风电场施工建设前期工作投入时间；
- 协调各相关单位进度关系，安排足够的机动时间，防止意外发生；
- 关注天气情况，合理安排和调整施工天气窗口，在出现突发恶劣天气的情况下停止作业并做好防护措施，避免出现重大安全事故和经济损失；
- 重点考察设备供应商的服务能力，并采用有效措施控制设备供应进度，保证不会因设备供应不足或质量不达标而影响施工进度；
- 根据海上风电场施工建设需求，及时确定施工专业船舶选用方案，并尽早与施工专业船舶公司签订服务合同；
- 加强设计方案和图纸审查工作，对于不满足实际情况的设计，敦促设计方根据实际情况修改设计方案和图纸，以适应实际情况；
- 要及时敦促施工方根据实际情况做出调整，加快施工进度；
- 要与当地政府、企业及居民做好沟通协商工作，尽可能降低或避免外部社会环境对施工进度的影响。

4.4.2 海上风电场施工安全管理

1. 海上风电场施工安全管理基本规定

海上风电场施工安全管理是海上风电场施工建设的关键环节，国家行业标准 NB/T 10393—2020《海上风电场工程施工安全技术规范》中对海上风电场施工安全管理的基本规定如下：

- 建设单位应建立健全安全管理机构，组织成立安全生产委员会，建立安全生产管理体系，明确安全管理工作职责，建立健全安全生产规章制度，推进安全生产标准化建设，保障工程施工安全；
- 建设单位应建立健全生产监督检查和隐患排查治理机制，实施施工现场全过程安全生产管理；
- 建设单位应建立工程项目应急管理体系，编制综合应急预案，组织勘察、设计、施工、工程监理等单位制定各类安全事故应急预案，落实应急组织、程序、资源及措施，定期组织演练，保障应急工作有效实施；
- 各参建单位应建立安全管理机构，有效落实安全生产责任制，制定总体和年度安全生产目标，保证安全投入，并做好现场文明施工；
- 施工现场人员应具备所从事作业的基本知识和技能，海上作业人员、特种作业人员和特种设备操作人员应经专门的安全技术培训并考试合格，取得相应资格后方可上岗作业；
- 勘察、设计单位在开工前应向参建单位进行技术和安全交底；
- 施工单位应按有关规定办理施工许可证，开工前应进行现场勘察，进行危险源辨识，编制施工组织设计、施工方案和安全技术措施，对危险性较大部分的工程应编制专项施工方案，对超过一定规模危险性的较大工程专项施工方案应组织专家论证；
- 施工单位应对施工现场的安全标识进行策划、设置，施工环境、作业工序发生变化时，应对现场危险和有害因素重新辨识，动态布置安全标识；
- 施工单位应根据工程施工特点、范围，制定应急救援预案、现场处置方案，对施工现场易发生事故的部位、环节进行监控；

- 施工单位应定期组织现场安全检查和隐患排查治理，严格落实施工现场安全措施，杜绝违章指挥、违章作业、违反劳动纪律行为的发生；
- 施工单位应根据工程施工作业特点、危险和有害因素及相应的安全操作规程或安全技术措施，向施工人员进行安全技术交底，并履行签认手续；
- 监理单位应按照法律法规和工程建设强制性标准实施监理，履行建设工程安全的监理职责。

2. 海上风电场施工安全综合管理

根据国家行业标准 NB/T 10393—2020《海上风电场工程施工安全技术规范》，海上风电场施工安全综合管理主要包括海上作业人员、施工临时设施、施工用电、交通运输、防火防爆、船舶作业、高处作业、焊接作业、潜水作业、季节及特殊环境施工、船机设备、安全防护措施和个体防护装备、职业健康等。本章节针对海上风电场施工建设的特点，主要对海上作业人员、施工临时设施、交通运输、船舶作业、潜水作业、季节及特殊环境施工等相关管理要求进行介绍。

（1）海上作业人员

- 海上作业人员应具备基本的身体条件及心理素质，了解海上施工作业场所和工作岗位存在的危险和有害因素及相应的防范措施和事故应急措施。
- 海上作业人员在出海前及在船期间不得饮酒，不得在无监护的情况下单独作业，不得在出海期间下海游泳、捞物。
- 在海上作业期间，作业人员应正确佩戴个人防护用品或使用劳动防护用品、用具，在船施工人员非作业时间不得进入危险区域。

(2) 施工临时设施

- 海上风电场工程陆上转运基地宜靠近风电场场址，场地应满足防洪、防潮、防台风等要求。
- 临时码头应选择在水域开阔、岸坡稳定、波浪和流速较小、水深适宜、地质条件较好、陆地交通便利的岸段，并设置安全警示标识。
- 大型施工船舶的施工作业区应划分安全通道，不得在安全通道上设置任何障碍物。
- 海上作业平台的施工场地应充分考虑施工人员的作业安全，并设置安全警示标识、防护设施和救生器材。
- 临时助航标识应按设计要求设置，在永久航标建成并经验收合格后方可拆除。
- 海上临时人行跳板的宽度不宜小于60m，强度和刚度应满足使用要求。跳板应设置安全护栏或张挂安全网，跳板端部应固定或系挂，板面应设置防滑设施。
- 施工现场供水水质应符合要求，寒冷及严寒地区供水管线应有保温防冻措施。
- 施工现场危险区域和部位应采用防护措施，并设置明显的安全警示标识。
- 施工船舶、海上作业平台及陆上基地应配备无线电和卫星电话等通信设备，应满足无线电通信标准和《国际海上人命安全公约》的要求。

(3) 交通运输

- 施工单位应详细记录登船出海人员姓名、年龄、所属单位、登离船舶及离岸到岸时间、联系电话等信息。
- 船舶航行应按规定显示号灯或号型，航行时，乘船人员不得靠近无安全护栏的舷边。

- 施工单位应在船舶调遣前制定调遣、拖船计划和应急预案，并对施工船舶进行封舱加固，船舶调遣拖船时应确保通信畅通，关注记录气象、海浪信息，由专人监视、记录被拖船的航行灯、吃水线标识及航行状态，在调遣途中需避风锚泊时，应按照规定进港停船或锚泊。
- 海上交通运输应符合交通船舶航行、大型设备设施运输、拖轮拖船、解系缆绳作业、抛锚作业、收放船舶船梯、人员过驳与登乘、恶劣环境船舶航行等相关要求，具体可参阅国家行业标准 NB/T 10393—2020《海上风电场工程施工安全技术规范》。

(4) 船舶作业

- 船舶作业性能应满足所在海域的工况条件。
- 遇大风、大雾、雷雨、风暴等恶劣天气时，施工船舶应停止作业，并将人员撤离到安全区域。
- 施工船舶夜间作业时，应配备足够的照明设施，设置警示灯光或信号标识。
- 船舶作业时应符合吊装作业和舷外作业等相关要求，具体可参阅国家行业标准 NB/T 10393—2020《海上风电场工程施工安全技术规范》。

(5) 潜水作业

- 潜水人员的从业资格应符合现行行业标准 JT/T 955《潜水人员从业资格条件》的有关规定。
- 潜水作业现场应配备急救箱及相应的急救器具，作业水深超过 30m 时应配备减压舱等设备。
- 在水温低于 5℃、流速大于 1m/s、存在噬人海生物、障碍物或污染物等施工水域进行潜水作业时，应采取相应的安全防护措施。

- 潜水作业应设专人控制绳、潜水电话和供气管线，潜水人员下水应使用专用潜水爬梯，爬梯应与潜水船连接牢固。
- 为潜水人员递送工具、材料和物品时应使用绳索，不得直接向水下抛掷。
- 潜水人员在水下安装构件时应保证构件就位稳定、使用专用工具、供气管任何部位不得置于构件之间、逆水流方向操作等要求。
- 潜水人员在大直径护筒内作业前，应清除护筒内的障碍物和内壁外漏的尖锐物；护筒内侧的水位应高于护筒外侧的水位。

(6) 季节及特殊环境施工

- 在海上施工过程中，应根据季风的不同风向安排施工船舶的锚位。
- 在雷雨季节到来前，应对施工现场的起重、打桩等设备的避雷装置进行检查。
- 在高温季节施工时，应按时发放防暑降温物品，合理调整作业时间，采取通风和降温措施。
- 在冬季施工时，现场的道路、海上作业平台、上下楼梯、脚手板及船舶甲板等应采取防滑措施，在作业前应将冰雪清除干净，船舶甲板上的泡沫灭火器、油水管路和救生艇的升降装置应采取防冻措施。
- 在季风期间，施工船舶应适度加长锚缆，风浪、流压较大时应及时调整船位，船舶的门窗、舱口、孔洞的水密设施应完好，排水系统应畅通，船舶上的桩架、起重臂、桥架、吊钩、桩锤、起重机等设备应配备封固装置。
- 施工单位应制定防台风应急预案，在台风来临前，应将船舶提前驶入避风锚地，装有物资的船舶应尽快卸载，未能及时卸载的，应调整平衡，并进行封固，甲板两舷及人行通道应设置临时护绳和护栏。

3. 海上风电场施工应急救援

海上风电场施工应急救援是在施工建设过程中出现安全事故时采取的相关应急预案。国家行业标准 NB/T 10393—2020《海上风电场工程施工安全技术规范》中对应急救援的相关规定如下：

- 海上作业人员应熟练掌握海上求生、救援及触电现场急救等方面的技能；
- 施工单位应加强应急物资和装备的维护管理，保证应急管理体系有效运行，并应与相邻施工单位签订应急救援互助协议；
- 海上施工现场应配置应急船舶，用于突发事件处置；
- 施工单位应在施工船舶驾驶室等醒目位置设置突发事件处理流程图；
- 海上作业点或船舶遇突发事件时，报告和处置应符合下列要求：
  a. 现场负责人或周边船舶负责人应立即报告海上施工区域负责人，并鸣笛或吹哨报警，海上施工区域负责人应立即向项目安全生产委员会负责人报告，必要时向海事、海洋、海警等部门报告，请求救援；
  b. 应立即启动应急预案，迅速控制危险源，通知相邻施工单位参与应急救援，组织抢救遇险人员，根据事故危险程度，采取应急救援措施或组织现场人员撤离；
  c. 应根据需要请求邻近的船舶参与救援；
  d. 采取必要措施，防止事故危害扩大和次生、衍生灾害发生，维护事故现场秩序，保护事故现场和相关证据。

第5章 海上风电功率预测

5.1 引言

海上风电功率预测是海上风电场和新能源电力系统运行控制管理的必要基础，直接关系到风电场发电量指标和精度考核奖罚，更决定风电场参与电力市场的核心竞争力。高精度海上风电功率预测有助于降低全寿命周期内风力发电的度电成本，是减轻风电随机波动对电力系统冲击、提升海上风电并网比例的重要手段。

与陆上风电相比，海上风电场所处的天气条件更为复杂和恶劣，高精度预测难度大，加之风电功率预测精度考核日益严格、惩罚力度不断加大，电力市场加速落实，使海上风电功率预测面临诸多挑战。

云计算、人工智能等技术的快速发展为海上风电功率预测技术的发展带来新的契机。

本章首先总结海上风电的特点及其给功率预测技术带来的独特挑战，然后归纳海上风电功率预测的分类及意义，最后介绍几项海上风电功率预测的核心前沿技术。

5.2 海上风电功率预测面临的挑战

海上天气复杂、极端风况多，风电场内部流动规律复杂，使海上风电场输出功率的可预测性低，预测难度远高于大多数陆上风电场，主要体现在以下 5 个方面。

- 海上天气复杂多样、演化速度快，海上气温、气压、风速等气象要素容易发生突变，爬坡事件发生频率明显增高；风速序列的时序特征复杂，难以有效提取和学习，直接限制包括超短期预测在内的基于时间序列外推原理的预测模型精度。
- 除此之外，由于大气、海洋、海浪的复杂耦合作用，海上数值天气预报模式需要考虑更加复杂的耦合模式变量交互，高精度预报难度大，直接限制短期功率预测精度。
- 海上风电场开发规模大、下垫面平滑，大多风电机组布局集中，排布规则，导致尾流效应更加明显[34]，场内和场间的风资源及其出力的时空联系更为紧密且复杂：一方面增加了功率预测的不确定性和建模复杂性；另一方面加剧了功率聚合效应和功率波动的叠加效应，增加了预测风险。
- 海上台风等极端天气较陆上更为频繁，爬坡事件十分显著[35]。研究表明，15~20min 尺度上风电场出力波动可高达风电场额定功率的 60%左右，在小时尺度上风电场出力波动可高达风电场额定功率的 90%左右。极端天气导致大风天气时，会引起海上风电场大面积停机，产生严重的功率跌落事件，对电网带来巨大冲击。因此，对于海上台风及其路径预测、爬坡预测的需求更为显著。
- 海上风电功率预测面临比陆上更宽的时间尺度和更细的时间分辨率要求：一方面，与陆上相比，海上风电场可达性较差，运维窗口期较短，运维成本高、风险性大，为了支撑海上风电场运维计划的安排，中长期预测的需求紧迫和重要；另一方面，为了支撑海上风电场尾流控制和电网主动支撑控制等，需要秒级到分钟级的实时预测。

5.3 海上风电功率预测的分类及意义

国外风电功率预测技术的研究开始于 20 世纪 80 年代。我国相关的技术研发和系统应用始于 2008 年。随着我国风电产业的快速发展，2011 年，《国家能源局关于印发风电场功率预测预报管理暂行办法的通知》中要求，所有并网运行的风电场必须建立风电功率预测系统，并向电网调度机构实时传送数据。早期的风电功率预测考核仅限于提前 15min 至 4h 的超短期预测，以及提前 24~48h 的短期预测。近年来，电网调度机构对风电功率预测的时间跨度要求逐步提高，目前短期预测最长可达提前 1 天至 10 天。然而，由于海上风电场运行环境的特殊性及海上风电项目的高风险性，海上风电场的运行控制和维护管理也对风电功率预测提出了更高、更新的要求。这主要体现在两个方面：一个方面是时空尺度更宽、分辨率更为细密；另一个方面是精度和可靠度要求更高。这使得多时空尺度海上风电功率预测及其不确定性分析的重要性愈发凸显。

因此，本章将从预测的时间尺度和表达方式两个方面详细阐述各种预测技术的定义、意义、主要技术路线和技术难点。风电功率预测按照时间跨度（或称时间尺度）可以分为实时预测、超短期预测、短期预测、中长期预测，涉及秒级、分钟级，到日、月、年际尺度；按照预测结果的表达方式可以分为确定性预测（或称单点预测）、不确定性预测（包括概率预测、区间预测、场景预测等）。

5.3.1 按照时间尺度划分

1. 实时预测

目前，关于海上风速或风电功率实时预测的定义尚未形成统一标准，通常认为实时预测应关注更高的时间分辨率，如秒级和分钟级。国际能源署 IEA Wind Tasks 32（Wind Lidar）和 36（Wind Prediction）工作组定义海上风电场实时预测范围为提前 1s~1min。

实时预测的实现主要基于时间序列算法。高时间分辨率的测风数据主要来源于风电机组机舱式激光雷达对上游来流的观测数据、风电机组 SCADA 数据及海上测风塔数据，主要应用场景包括：

- 风电机组前馈控制；
- 面向增发降载的风电场整场运行控制，如全场尾流控制等；
- 服务于电网主动支撑的场站、场群控制，与储能系统的协调控制等。

实时预测主要采用时间序列的建模方式，与现有预测最大的不同是对数据时间分辨率有更高的要求。由于时间分辨率的提高，给实时预测带来了两方面的挑战：一方面，随着数据时间分辨率的提高，风速及功率时间序列的波动性、随机性显著提高（见图 5-1），时序特征的提取更为困难；另一方面，更加准确的序列特征提取、更高的预测精度往往依赖于更复杂的模型，然而复杂模型的耗时与高分辨率的预测时效性存在矛盾。

2. 超短期预测

根据 IEC 标准、《风电场功率预测预报管理暂行办法》及《风电功率预报与电网协调运行实施细则》等，超短期预测为未来 15min~4h 的预测，时间分辨率为 15min。与实时预测相似，超短期预测主要通过时间序列方法实现，通常采用历史风速观测序列（或功率序列）来外推未来风速序列（或功率序列），所采用的历史观测数据包括测风塔、激光雷达、风电机组 SCADA 等多种类型数据。由于采用时间序列外推的预测原理，因此超短期预测精度随着时间跨度的推移会产生显著衰减，使时间跨度更长的短期功率预测很难直接采用外推预测的技术路线，需要借助数值天气预报（Numerical Weather Prediction，NWP）来完成。

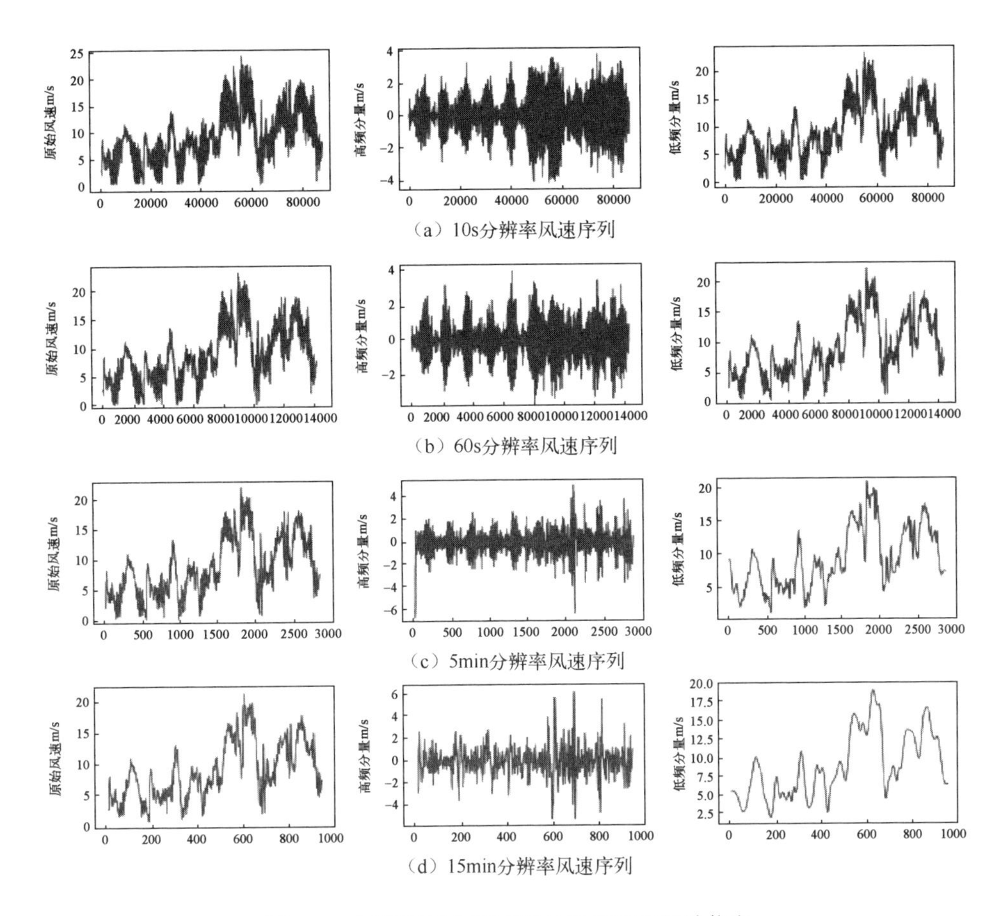

图 5-1　不同时间分辨率下风速序列的频域信息

超短期海上风电功率预测会遇到与实时预测相似的问题，即由于海上自然风波动特性更为明显、风速/功率时间序列波动性更强的问题，导致时间序列特征的提取更困难，从而导致模型精度下降。但与实时预测相比，超短期预测时效性要求较低，因此当前研究主要从两方面着手：

- 改进深度神经网络结构，加强网络对数据时序、空间特征的提取能力[36]，提高预测性能；

- 采用精细化建模的技术路线，采用聚类算法预先对海上天气和出力场景进行分类，实现波动特征的识别，之后依据不同场景制定不同建模/误差修正方法，从而提高预测精度。

3. 短期预测

与超短期预测类似，关于短期风电功率预测国内外已有明确定义和考核标准，即为提前24~72h的预测（部分省份或地区会延长至7天或10天）。数值天气预报是短期风电功率预测的核心输入数据，其他观测数据为辅助输入数据。通过建立数值天气预报资源参量与输出功率之间的映射关系可获得未来的短期预测功率[37]。

短期风电功率预测结果是电力调度机构制定电力系统日前调度计划的主要参考信息，对风电机组组合优化、经济调度、备用优化等均有重要作用。对于电力市场的主体来说，短期风电功率预测是风电参与现货市场的基础，预测精度将对电价及参与主体的效益产生明显影响。除此之外，对海上风电场运营主体来说，短期预测结果可以指导短期运维计划，避免在大风时段停机检修所造成的电量损失。同时，短期风速预测结果也可用于海上可达性的估计与预判，优化海上风电场运行维护策略。

4. 中长期预测

中长期预测通常关注的是未来周、月、年尺度的电量预测，预测分辨率为小时或天。与实时预测类似，海上风电出力的中长期预测也是国内外新兴的研究热点，尚未形成统一时间尺度定义。

中长期预测可以采用历史发电量数据的时间序列方法实现，也可由中长期气象预报数据或中尺度再分析数据转换得到。时间序列方法对于历史数据的样本量要求较高。中长期气象预报或再分析数据需要较大的计算量，预报精度难保证。

海上风力发电中长期预测主要用于指导海上风电场定期检修计划确立、电力系统月度和年度发电计划指定、中长期电力市场交易等。由于海上风电场维护时间窗口极为有限、可达性较差、运维成本高，因此月度、季度、年度的检修及运维调用均需进行细致而统筹的规划与安排。作为海上风电场运维计划的重要支撑，海上风力发电中长期预测的重要意义更为显著。与此同时，随着电力市场的逐步规范，中长期电量预测将成为海上风电场参与中长期市场和增加运营收益的重要举措。

5.3.2 按照预测结果划分

1. 确定性预测

确定性预测（也称单点预测）是目前应用最为广泛的一种风电功率预测结果形式，旨在给出未来某一时刻风电功率的一个预测数值，从数学意义上可以理解为风电功率的期望值或中位数值。

按照建模原理，风电功率单点预测有物理方法和统计方法：

(1) 物理方法通过考虑地形、粗糙度、海拔、流动等因素建立空气动力学模型来描绘流场，以 NWP 作为边界条件，推算风电机组轮毂高度处的风速和风向，根据风电机组理论功率曲线或拟合功率曲线将预测风速转换为单点预测值：优点是不需要历史数据，适用于新建风电场[37]；缺点是计算流体力学方法的技术门槛高、计算量大，尤其对于海上风电场而言，海-气-浪耦合作用和尾流效应明显，海上风电场的流场模拟难度很大，很难满足海上风电功率预测的精度需求和时效性要求。为了解决该问题，华北电力大学李莉等人提出基于 CFD 流场预计算的风电功率预测方法：通过对风电场流场的数值模拟与空间离散，实现对中尺度数值天气预报数据的降尺度；通过建立流场特性数据库的方式，将功率预测过程转换成以数值天气预报数据为输入的查表插值过程，在保证预测精度的基础上，提高预测的时效性。

（2）与此相反，统计方法有着计算速度快、计算精度高、泛化能力强、模型选择范围广的优点，是目前应用最为广泛的预测方法。它通过大量历史数据进行模型训练，建立输入变量和输出变量之间的函数关系，基于训练后的模型，预测未来的风电功率值，在历史样本充分的情况下，大多可获得较高的预测精度和泛化能力。通过回顾现有的基于统计方法的风电功率预测研究，可知该领域主要经历了两个发展阶段：

- 以算法为核心的发展阶段。注重使用学习能力更强的回归算法/概率性方法，或使用寻优算法对模型参数进行优化。对于确定性风电功率预测，常用的算法有两类：神经网络算法[38]（如 BP 等浅层神经网络、DNN 等深度学习算法）和核学习算法[39]（如支持向量机、相关向量机、极限学习机、高斯过程等）。
- 以精细化建模为核心的发展阶段。为了提高模型适应性，许多学者开始重视研究精细化的预测方法，根据天气条件对训练样本进行分组建模，或针对风速各频率分量分别建模，增强模型对特定时刻“当前”风况的适应性。对于季节性明显的风电场，也可直接根据月份/季节建立细化的预测模型或采用不同的预测算法。对于地形复杂或区域广阔的风电场（群），实际风况更复杂，导致单一位置处 NWP 的精度和代表性不足，难以全面模拟整场流动，需要对风况相关性和 NWP 点位数量加以考虑。

2. 不确定性预测

从数学角度理解，单点预测结果是未来时刻风电功率的数学期望，是对未来发电状态最直观的表达方式。单点预测无法提供任何预测不确定性或风险信息，发生误差的概率为100%[40]。这个弊端大大限制了该技术在风电场运行控制、新能源电力系统运行调度、电力市场竞价中的应用价值。由于海上风电功率预测具有更高的风险和挑战，因此不确定性预测的价值将越来越大。

不确定性预测是单点预测的延伸，用来评估单点预测结果存在的风险，表达方式有概率性信息（概率密度、分位数、概率区间）、发电情景和风险指数。其中，概率性信息的评估结果全面、表达形式直观、可视性强，目前应用最广泛，主要是计算单点预测结果可能偏离实际功率的区间范围和概率，也称为风电功率概率预测或风电功率区间预测。

风电功率预测不确定性分析方法的种类很多，主要有两种常用方法。

(1) 参数型方法

假设未来时刻单点预测的误差带为固定的历史经验值，或者假设误差分布服从某种特定的分布形式，如Gaussian分布、Beta分布、Versatile分布、混合偏态分布等。实际上，风力发电过程具有很强的非线性，功率预测误差并不一定服从任何已知的函数形式，且不同拟合函数的预测效果可能存在较大差异，限制了该方法的普适性[37]。为了提高拟合精度，现有很多方法采用分段拟合方式，按照风速或风电功率将数据样本划分为若干区间，而后拟合各区间内功率或误差的频率分布。但此做法忽略了更细区间内对应的频率信息，且拟合结果随分段方法而变化，同样难以客观描述真实误差。

(2) 非参数型方法

采用非参数估计方法求解误差的条件分布，或基于人工智能算法对误差进行映射学习，或通过随机生成功率的散点数据构建不确定性置信区间，均不需要假设预测目标的分布形式，有助于提高对预测误差分布的表达精度，常用方法有分位数回归、自适应重采样、核密度估计、相关向量机、蒙特卡洛、样本熵、云模型等。

华北电力大学阎洁等人[37]提出基于动态云模型的海上风电场短期功率不确定性预测方法，通过建立各个运行时刻风电功率预测误差的云模型，计算在任意置信水平下的云滴分位点，实现对预测不确定性态势的动态估计，主要分为生成单点预测误差云模型和建立不确定预测模型两部分。建立单点预测误差云模型是利用云模型数字特征（期望、熵和超熵）生成云滴分布图，量化预测不确定性态势后，计算给定置信水平下的云滴分位图及与之相对应的预测功率可能发生波动的置信范围，即为风电功率不确定性预测结果。结合云模型的逆向和正向云发生器，根据未来任意时刻时预测功率数值实时更新选择训练样本，建立动态云模型[37]，从定性和定量的角度进行短期风电功率不确定性分析，提高预测结果的可靠性。

华北电力大学张浩等人[41]提出改进型深度混合密度网络，用于区域风电场群的联合不确定性预测方法。该方法引入混合 Beta 分布替代传统的混合高斯分布，并对贝塔分布的形状进行控制，从而避免密度泄漏问题。

5.4 面向海上风电功率预测的数值天气预报

5.4.1 海上数值天气预报模式

数值天气预报是目前发展较为成熟的定量预报方法，即在一定的初值和边值条件下，通过大型计算设备求解描述天气变化与大气运动的流体力学和热力学方程组，预测未来一定时段的大气运动状态和天气现象[42]。随着近代观测技术的发展及计算机性能的不断提升，数值天气预报技术得到跨越式发展，预报精度不断提升。由于 NWP 能够提供较为准确的未来天气参量数值，因此中短期风电功率预测主要依赖于数值天气预报。局地风速、风向、气温、温度、湿度、气压等网格化数值天气预报产品已经广泛使用于短中期风电功率预测。用于风电功率预测的数值天气预报模式一般以区域模式的理论研究和相关应用技术开发为主线，热点问题包括资料同化技术、模式精细化技术、物理过程参数化方案等。

依据预报范围的不同，NWP 可分为全球 NWP 和中尺度 NWP。全球 NWP 模型目前运行在 15 个左右的气象服务站，如 GFS（Global Forecast System，全球天气预报系统）和 ECMWF（European Centre for Medium - Range Weather Forecasts，欧洲中期天气预报中心），预报时空分辨率一般为 3~6h 和 16~50km。中尺度 NWP 模型以全球 NWP 模型的输出结果为输入，依据不同地区的特点预报，如 MM5（Fifth - generation mesoscale Model，第五代中尺度模型）和 WRF 模式（Weather Research and Forecasting Model，天气研究与预报模型）。

目前最常用的区域数值天气预报模式为 WRF 模式。WRF 模式是由美国国家大气研究中心（National Center for Atmospheric Research，NCAP）、美国国家环境预报中心（National Center for Environment Prediction，NCEP）、美国国家海洋和大气管理局（National Oceanic and Atmospheric Administration，NOAA）及多个大学、研究所和业务部门联合研究开发的新一代中尺度数值模式和数据同化系统，具有灵活、易维护、可扩展、适用平台广泛的优点，融合先进的数据同化技术、功能强大的嵌套能力和先进的物理过程，特别是在对流和中尺度降水处理能力方面更有优势[42]。WRF 模式适用范围很广，不仅可用于业务数值天气预报，也可用于大气数值模拟研究，包括数据同化、物理过程参数化、区域气候模拟、空气质量模拟、海气耦合模拟等。

全球区域同化预报系统（Global/Regional Assimilation and Prediction System，GRAPES）是由中国气象局组织多个科研机构联合开发的新一代多尺度通用数值预报系统模式，建立的核心目的是吸收大气科学领域的最新研究成果，加强与研究机构的联系，加快气象领域的研究成果转换。GRAPES 多尺度统一模式可以同时用于研究和业务，可同时进行中尺度/短期区域/全球中期天气预报/区域与全球气候预测/沙尘暴气溶胶环境、水文洪水的模拟与预报，水平尺度可从 1～100km，时间尺度可从几小时、两星期到月、季、年。

单一大气模式虽然对于陆地风场预报展现出了较好的业务应用能力，但应用在海上气象预报时，由于海表面温度（Sea Surface Temperature，SST）对大气的负反馈机制，导致变化的海温会对降水、大气层结稳定度、海洋风场甚至热带气旋产生不同程度的影响，进一步改变海表面状态，影响海气界面上的动量、热量和物质交换过程，导致大气环流、洋流运动和海浪波动的动态耦合作用强烈，预报难度更高。因此，将区域气象模式、海洋环流模式和海浪预报模式作为分量模式，并通过中尺度耦合器实现各子模式之间大量数据的传输和交换，构建区域海气浪耦合模式，是解决上述问题的关键。目前，国内外学者已经提出一系列耦合模式用于海上风场及台风预报，例如 COAMPS、COAWST、GRAPES_TCM-ECOM-WW3、ROMS-WRF-SWAN、IFS-NEMO 等模式[43-45]。耦合模式变量交换示意图如图 5-2 所示。

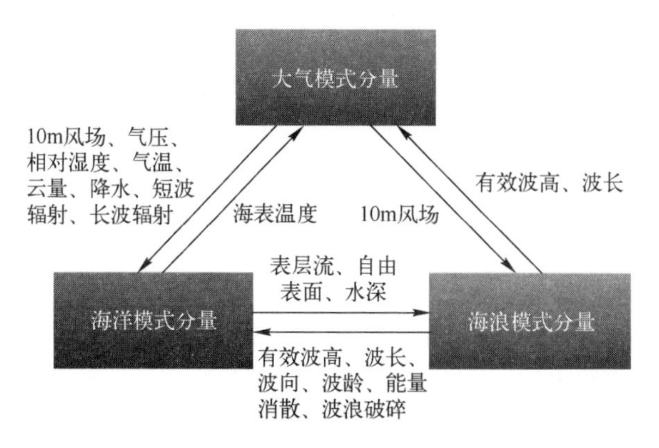

图 5-2　耦合模式变量交换示意图

5.4.2　数值天气预报的人工智能修正

用于风电功率预测的NWP可同时提供风电功率预测所需的风速、温度等气象数据，时空分辨率通常为3~9km和1h，尾流、波浪、粗糙度等微尺度作用无法体现在NWP所描述的流场当中，从而限制了预报精度。风速与风电功率间的三次方关系，使得微小的气象预报误差即会造成很大的功率预测误差。尤其对于海上风电功率预测，由时空分辨率不足所带来的精度问题将更加突出，主要是因为：一方面，海上风电场尾流效应突出，风电功率预测更需要的是风电机组点位处的局部流动信息；另一方面，海上中尺度预报模式更复杂，模式计算时效性与精度的矛盾更明显。因此，提升NWP时空分辨率，对NWP风速进行修正，是提升海上风电功率预测精度的一个必要步骤。

图5-3为某风电场各风电机组处的实测风速曲线和NWP风速曲线。图中，虚线为各风电机组处实测风速曲线；粗线为平均实测风速曲线，表示实测风速的整体趋势；实细线为各风电机组处NWP风速曲线；粗实线为平均NWP风速曲线，表示NWP风速的整体趋势。由图可知：

- NWP风速曲线和实测风速曲线之间具有明显的差异，被称为整体趋势偏差，可体现天气预报部门提供基础数据的准确程度，如初始场。
- 各风电机组处的实测风速曲线差异很大，对应NWP风速曲线的变化趋势几乎完全一致，当采用各位置处风速相关性指数进行分析时，各点位的NWP风速相关性很高，实测风速的相关性较低且各不相同。这是NWP空间分辨率不足所导致的一类误差，被称为空间分布偏差。

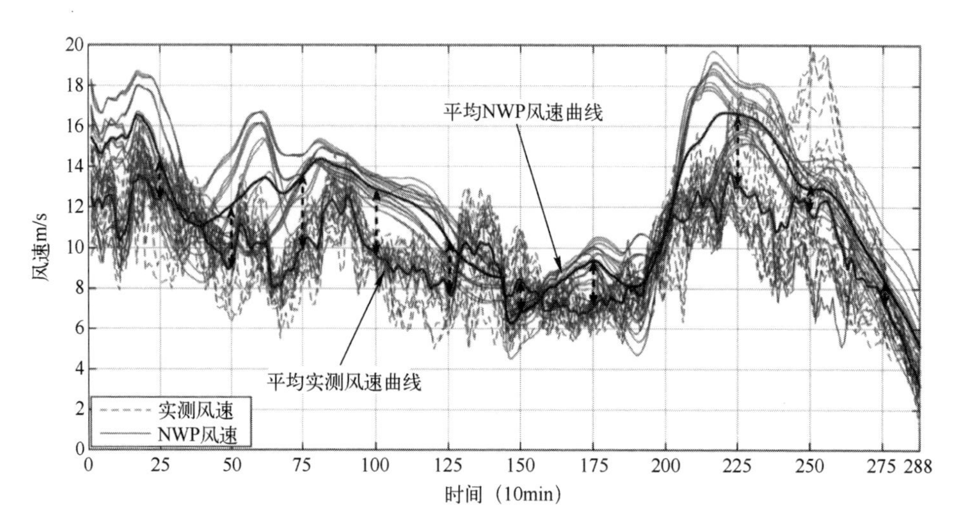

图 5-3　某风电场各风电机组处的实测风速曲线和 NWP 风速曲线

综上所述，本质上，实测风速曲线和 NWP 风速曲线之间存在着由多种原因引起的连续、复杂非线性误差，在时间上表现为整体趋势偏差与局地特征决定的空间分布偏差的叠加，在空间上表现为空间分布误差。NWP 的误差存在一定的模式，是有规律可循的，因此选择特定的方法使不同位置的 NWP 体现出相应的差异及波动，就能修正该位置 NWP 的误差。

海上数值天气预报修正的技术原理是建立大量的历史测风数据，与预报结果进行映射，以获得实际流场的流动相关性描述，从而提高 NWP 的精度与时空分辨率，也可以理解为一种统计降尺度方法。依据修正时模型输入，即 NWP 数据的时空范围和修正对象范围，可将研究分为单一位置的 NWP 修正、考虑空间耦合特性的 NWP 修正、考虑时序关系的 NWP 修正、风光结合的 NWP 修正等。

（1）单一位置的 NWP 修正

通过建立某位置 NWP 数据与实测数据间的映射关系对 NWP 风速进行修正，NWP 数据的空间位置（通常为风电场测风塔或某标杆风电机组）单一。该方法主要消除了独立位置点 NWP 的整体趋势误差，很难考虑空间范围内多个位置点之间气象要素间的相关性，进而消除了由局地效应引发的空间分布误差。这类误差是很难通过单一位置的NWP修正方法来消除的。

为了提高修正精度，部分学者针对不同天气条件下实测数据与NWP数据间的映射关系有所差异这一特性，依据风速、风向、晴空指数、大气稳定度、季节，或采用聚类、场景缩减等方法对天气条件进行划分[46]，在不同天气条件下分别建立修正模型。

还有部分学者从频域角度出发，将实测和NWP风速序列分解至不同频域，在各频域分别建立实测数据与预报数据间的映射关系，然后对各频域所得结果进行组合，得到NWP风速的修正结果。常用分解方法包括经验模态分解、变分模态分解、小波分解等。

(2) 考虑空间耦合特性的NWP修正

此类修正将不同空间位置的风速耦合关系考虑在内，即在对某点位的NWP进行修正时，除该点位的NWP和实测信息外，还将邻近区域的NWP信息或实测信息引入，即通过建立多点位NWP数据与单一点位实测数据，或多点位NWP数据与多点位实测数据间的映射关系进行NWP修正，同时，也可以考虑融入多种来源的NWP结果进行多源多点修正。

(3) 考虑时序关系的NWP修正

上述NWP修正方法基于独立时刻风速预报误差的先验统计规律，即通过建立历史序列中同一时刻的NWP数据与实测数据间的映射关系，对未来时刻的NWP进行修正，以降低NWP预报误差。实际上，由图5-3可知，任意两个时刻的NWP误差模式很不相同，即使相同的NWP风速所对应的实测数据也会相差很大，导致修正模型输入变量与输出变量间的映射关系具有很强的随机不确定性。这是现有NWP修正精度很难进一步提高的重要原因之一。

因此在对NWP进行建模修正时，仅建立其与相同时刻时实测数据间的映射关系是不够的，需要将更多的影响因素考虑在内。事实上，天气要素的时间序列内部存在着一定的传递关系，也是时间序列方法可用来预测风速和功率的理论基础。华北电力大学王函等人[47]提出NWP风速/辐照度的时序传递修正方法（Sequence Transfer Correction Method，STCM）。该修正方法模型的输入变量除$t+1$时刻的NWP数据外，还包含t时刻的实测数据，通过引入风速/辐照度时间序列内的传递关系，提高输入变量与输出变量之间映射关系的确定性，进而提高NWP修正精度，并将其应用于风电场和光伏电站功率预测中。

（4）风光结合的NWP修正

由于处于相同的驱动场，因此特定天气系统下各天气要素均具有强弱不等但明确存在的时空相关性。利用风光资源之间的相关关系，华北电力大学张永蕊等人提出NWP风速和辐照度相融合的NWP修正方法。该方法的输入变量包括NWP风速和辐照度，通过引入多点风速和辐照度之间的时空耦合关系，提高输入变量与输出变量之间映射关系的确定性，从而提高NWP修正精度，并将其应用于集中式风电场和光伏电站功率预测中。在未来高比例可再生能源并网场景下，大量集中开发的风电场、光伏电站将被并入电力系统，通过这类联合修正方法可以充分学习区域内风光资源的时空相关关系，在一定程度上提升NWP修正效果。

5.5 海上风电集中式功率预测方法及系统

5.5.1 模型优势

我国海上风电具有大规模集中开发的特点，大量的海上风电场将位于同一区域。风电基地内部存在独特的风况和出力的时空相关性，若在功率预测时，将风电基地内部天气的关联信息考虑在内，气象数据、发电数据联系起来，则通过集群时空联合预测模型，可为风电基地内部的所有风电场、所有风电机组同时提供预测结果，不仅可以极大地提升预测建模及系统维护的工作效率，还能够提高各预测单元的预测精度。具体来说，大型海上风电场或风电基地的集中式功率预测具有三个优势：

- 能够充分考虑海上风电功率时空关联性强的特点，提高预测精度；
- 将多个风电场的数据和预测模型汇集至统一的预测系统内，能够减少数据处理、模型搭建、预测系统维护的工作量，降低系统成本；
- 融合多种预测空间尺度（区域级-场站级-机组级），为后续电网主动支撑控制和资源整合参与电力市场竞价提供便捷和更多的盈利手段。

5.5.2 集中式预测建模原理

在建模路线方面，现有的功率预测模型通常仅以单一来源及单一位置的NWP作为模型输入，建立与风电场（或风电机组）输出功率一一对应的映射模型。这种一对一映射的模型结构在本质上是假设用某个代表位置的NWP描述整个风电场的平均风况，无法体现风电场内部的时空流动相关性，忽略了风电机组之间或风电场之间的出力相关性，从而给NWP和功率预测都带来了很大的误差，尤其对布局紧凑、规则的海上风电场，一对一映射的建模结构可加剧对上述误差的影响。

集中式预测目前的主要技术路线是使用可以实现多对多映射架构的深度学习算法，根据多个点位的NWP联合分布代表风电场或多个相邻风电场所在区域的风况，依靠深度神经网络强大的数据特征挖掘能力，实现区域内多个风电场时空关联特征的提取，在预测模型的训练过程中，能够联系不同风电机组之间、不同风电场之间的出力相关性，减小错误映射的风险，使得所给出的功率预测结果更加可靠、准确。

集中式预测可以实现各种时间尺度下的预测建模、多个点位的 NWP 修正，以及不同电源类型的联合预测，主要采用的算法包括时空图卷积网络（Spatial Temporal Graph Convolution Networks，ST-GCN）、卷积-长短时记忆神经网络（Convolutional Long Short-Term Memory，ConvLSTM）、降噪自编码机（Stacked Denoising Auto-Encoder，SDAE）等。研究结果表明，集中式预测方法能够准确挖掘区域内各风电机组/风电场之间的时空关联性，提高区域级-场站级的预测精度。

需要注意的是，多对多映射的功率预测模型对样本的筛选较为严格，需要风电场中的大部分风电机组都同时处于正常发电状态。风电场长期处于限电状态或风电机组经常发生故障，有效的训练样本会变得非常稀少。如果训练样本不足，则深度学习的学习能力将无法体现出来。

5.5.3 海上风电场群集中式功率预测系统

华北电力大学风电场实验室自主研发了区域海上风电场群集中式功率预测系统，其服务于风电基地内部所有风电场和所有风电机组，支撑风电场（群）整场控制、电力系统调度、电力市场竞价、风电场设备运维等多方面的工作。系统结果涵盖机组级、场站级、区域级等多个时空尺度下的实时预测、超短期预测、短期预测、中长期预测，可以提供确定性和不确定性预测信息，具备爬坡预测和模型自动修正等功能。

系统的主要模块有数据采集、数据存储、数据清洗、模型训练、功率预测、结果修正、上报展示等，如图 5-4 所示。为实现较为全面的数据清洗和预测功能，各模块均包含多个子模块。

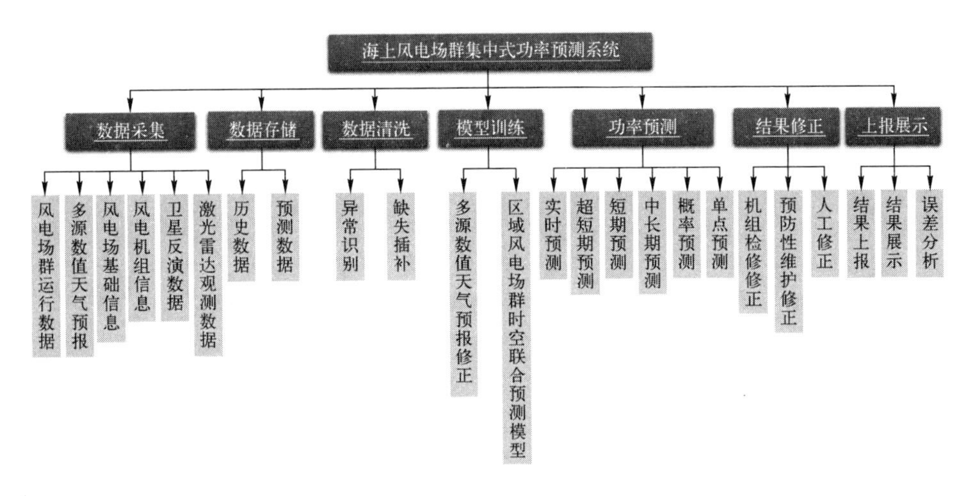

图 5-4　海上风电场群集中式功率预测系统模块构成

系统的拓扑结构主要涉及数据转接与下载服务器、反向隔离装置、场群预测系统服务器，如图 5-5 所示。数据转接与下载服务器收集包括场群数值

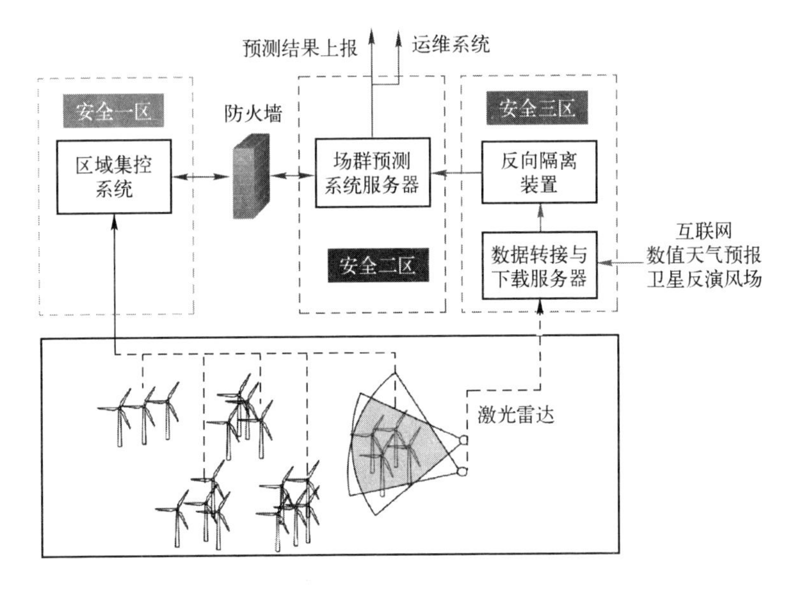

图 5-5　海上风电场群集中式功率预测系统拓扑结构

天气预报、卫星反演结果及激光雷达观测数据等预测模型的输入数据，并通过反向隔离装置传输到场群预测系统服务器。场群预测系统在获取安全一区中的风电机组、风电场站运行数据后，对预测模型进行训练，并提供未来不同时间尺度、不同类型的预测结果。预测结果与其他决策系统进行交互，将短期、超短期结果上报电网机构。

5.6 海上风电爬坡事件预测

海上风电爬坡事件指的是短时间内风速或风电功率发生大幅度波动的事件。目前对爬坡事件的表征主要使用时间间隔和波动幅度。对时间间隔的选取一般为 30min～6h，波动幅度一般为 10%～75%额定容量。与陆上相比，海上极端天气更频繁，导致海上风电场输出功率爬坡事件更频繁，会对电力系统造成很大影响。尤其当大风天气突然过境时，会导致大量风电机组突然从满负荷运行状态跌落至停机，给电力系统带来巨大风险。因此，为了保障电网安全稳定运行，及时制定响应策略，海上风电更加需要进行针对爬坡事件的准确预测。

现有研究表明，风电功率爬坡事件的发生特性受气象条件、下垫面、时段、季节等多种因素的共同影响，影响方式较为复杂。一部分学者通过研究海上风电爬坡事件与不同天气模式间的依赖关系，结合 NWP 来估计未来是否会产生爬坡事件。但该方法依赖于天气场景的划分方式与爬坡事件发生的判据，鲁棒性较差。还有学者基于神经网络等统计学习方法，建立历史气象数据、NWP 数据、历史爬坡数据特征参量间的映射关系，从而实现准确的爬坡预测。

华北电力大学孙莹等人[35]提出基于正交实验和支持向量机的风电功率爬坡事件预测方法，认为风电功率爬坡事件的发生特性受气象条件、地理位置、地形条件、时段、季节等多种因素的共同影响，影响方式较复杂，且不同地区、不同风电场功率爬坡事件的影响因素及因素的影响方式均有所不同。预测模型的输入量会直接影响风电功率爬坡事件的预测精度。因此，基于正交试验与支持向量机的风电功率爬坡事件预测方法借鉴正交试验设计和分析的思想，在支持向量机模型中引入输入量选取环节——正交试验，通过正交试验定量分析风电场中各影响因素的主次顺序，优化预测模型的输入量，实现风电功率爬坡事件的高精度预测。

第6章 海上风电智能运行控制技术

6.1 引言

海上风电智能运行控制是提升整场发电量、降低风电机组疲劳载荷、增强风电并网友好性及电网支撑能力、实现全生命周期风电盈利最大化的核心技术。

本章将分别针对海上风电智能运行控制的三个关键目标和前沿方向展开介绍，即面向功率提升的海上风电场尾流控制、面向风电机组延寿的海上风电场疲劳载荷控制和面向电力系统辅助服务的海上风电场（群）优化运行控制等。

6.2 海上风电运行控制面临的挑战

- 与陆上风电场相比，海上风电场的尾流效应更加突出和复杂，所造成的整场发电量的损失比陆上高40%~50%，主要由以下原因造成：海上风电场下垫面平滑、较低的海平面粗糙度造成垂直风切变较小，导致环境湍流较低、尾流恢复距离变长；海上大气环境相对稳定，造成湍流通量在垂直方向上交互缓慢，减弱尾流恢复速度；海上风电场集电线路的投资成本和出海运维管理成本远高于陆上风电场，故大多海上风电场的风电机组布局集中且排布规则，进一步加剧了尾流效应。

- 海上风电机组由于受潮汐、海浪、洋流、漩涡、浮冰、台风等自然环境的影响，长期承受包括风载荷、波浪载荷、流载荷和冰载荷在内的多种载荷的耦合作用，且容量大、叶片长，因此在海上高风速和恶劣环境下，承受的载荷远大于陆上风电机组。这使得海上风电机组的可利用率和海上风电场的盈利情况受到极大影响。
- 我国海上风电大多接入东部电网，由于西部特高压输电的大规模馈入，使本地同步电源大幅降低，系统备用容量不足，大规模海上风电并网对电力系统的安全稳定运行产生更为巨大的影响。

6.3 面向功率提升的海上风电场尾流控制

尾流效应是指风电机组从风中获取能量的同时，在其下游形成风速下降的尾流区。若下游有风电机组位于尾流区，则下游风电机组的输入风速就低于上游风电机组的输入风速。若上游风电机组采用传统的单台机组最大功率追踪控制策略，则处于尾流区的下游风电机组的入流风况、运行状态和发电量将受到不良影响。

海上风电场尾流控制技术能够降低由尾流引起的发电量损失，显著提高全场发电量，是海上风电场领域的核心前沿技术，也是中国、挪威、丹麦、美国等国家研究计划和欧盟科研框架计划的重点支持领域。2018 年，欧盟斥资 4.8 亿欧元设立 Total Control 项目。2019 年，中国与挪威政府间开展了政府间合作项目“海上风电场智能运行控制技术研究”，以支持研发海上风电场智能控制技术。海上风电场尾流控制的研究重点主要分为尾流快速计算模型、集成模型、控制模型及快速寻优算法等。

6.3.1 尾流快速计算模型

准确模拟风电场内风电机组的尾流分布是风电场尾流控制的基础，直接决定风电场尾流控制的实际效果。传统计算流体力学（Computational Fluid Dynamics，CFD）的方法虽然计算精度高，但流场计算耗时长、效率低，难以满足控制策略时效性的要求，因此亟需研究高精度的尾流快速计算模拟方法，包括工程尾流模型、CFD 尾流预计算方法和多精度尾流模拟技术。目前，国内外的研究和工程实践主要围绕工程尾流模型展开。尾流计算的入流风况可以使用前方来流的风速、风向的实测值或实时预报结果。

1. 工程尾流模型

（1）单台风电机组工程尾流模型

用于风电场尾流控制中的工程尾流模型主要是通过将单台风电机组工程尾流模型（尾流解析模型、经验尾流模型）与工程叠加模型相结合所实现的一种低精度尾流分布计算模型[48]，形式简单，所需计算资源较少，计算精度依赖于模型中经验参数在不同工况下的调整，注重风电机组远尾流场的速度分布计算，对近尾流场的速度计算精度较低。

目前，工程中常用的单台风电机组工程尾流模型分别是基于质量守恒得到的 Jensen 尾流模型、基于动量定理得到的 Frandsen 尾流模型及通过求解简化的 Prandtl 湍流边界层方程得到的 Larsen 尾流模型。Katic[49]结合一维动量定理对 Jensen 尾流模型进行补充，得到在工程上广泛应用至今的 Park 尾流模型，经过多年的工程实践验证和改进，计算结果已经能够满足工程需求。Bastankhah 和 Porté-Agel 采用动量定理和高斯分布函数研究出 Frandsen 尾流模型的二维形式（BPA 模型），在学术研究中得到了广泛应用[50]。

(2) 考虑偏航的单机工程尾流模型

尾流控制中可能需要风电机组执行偏航动作，当风电机组处于偏航工作状态时，尾流中心线会发生偏移，从而改变尾流的影响范围，进而影响下游风电机组的功率输出。在此种情况下，需采用尾流偏转模型计算尾流中心线的偏移量，据此对单台风电机组工程尾流模型进行修正，从而能更精确地模拟风电机组偏航时尾流区的速度分布情况。目前广泛采用的尾流偏转模型有Jiménez 模型、Bastankhah 模型、Shapiro 模型等[51]。

(3) 尾流叠加模型

海上风电场往往由几十甚至上百台风电机组集中排布而成，下游风电机组很可能同时受到上游多台风电机组的尾流叠加影响。尾流叠加区的流动规律十分复杂，涉及复杂的湍流掺混机理，尾流效应并不是各单台风电机组尾流效应的直接加和。

工程上常用的方法是将单台风电机组工程尾流模型结合叠加模型来模拟风电场内的尾流分布。常见的叠加模型共有四个，分别为几何叠加模型（Geometric Sum，GS）、线性叠加模型（Linear Sum，LS）、能量守恒模型（Energy Balance，EB）及平方和模型（Quadratic Sum，QS）。平方和模型是由 Katic 在关于 Park 尾流模型的经典文献中提出的，假设尾流叠加区的速度损失等于上游每台风电机组尾流区速度损失平方和的开方。目前，平方和模型结合经典的 Jensen 尾流模型是低精度尾流分布计算常用的方法之一。华北电力大学邵振州等人[51]针对 QS 叠加模型存在的问题，提出基于尾流衰减因子（k－based）叠加模型和改进能量守恒（Modified Energy Balance，MEB）叠加模型，并与 Jensen 尾流模型分别结合，通过 Lillgrund 海上风电场和 Horns Rev I 海上风电场的实测功率验证，相较于其他主流模型均能更加准确地模拟出风电机组功率的变化趋势。

总而言之，在目前的学术研究和工程实践中，能应用于工程中的更高精度的尾流叠加模型成果较少，仍将是未来研究中的重点和难点。

2. CFD 尾流预计算方法

基于数值离散求解 Navier-Stokes 方程的 CFD 方法是目前最精确的尾流场气动特性模拟方法，不仅可以通过求解得到风电机组尾流场中速度、压力、湍流强度分布等详细信息，还能够准确地模拟复杂的湍流流动对风电机组尾流特性的影响。但 CFD 方法在模拟风电机组尾流场时计算量较大，计算效率远无法满足尾流控制的要求。

为了克服 CFD 尾流场计算效率和计算精度之间的矛盾，华北电力大学李莉[52]等人提出 CFD 尾流预计算（CFD Pre-calculated Flow Fields，CPFF）的概念：首先通过 CFD 模型离线计算不同入流和工况下的尾流场特征信息，生成数据库；在此基础上，结合统计插值或人工智能等代理算法，快速得到在任何目标工况下的尾流场分布信息。该方法已成功应用于风速预测[52]、风电功率预测[53]、风电机组尾流建模、尾流控制[51]等领域，能够有效平衡计算效率和计算精度之间的矛盾。但同时，建立数据库所需要的代表性风况和工况的选取问题，以及在保证计算精度的前提下，精简构建数据库所需的计算量，是该技术未来研究的重要方向之一。

3. 多精度尾流模拟技术

基于 CFD 尾流预计算方法，能够显著缩短单纯采用高精度 CFD 手段获得尾流场信息所需要的时间，快速实现在任意工况下的尾流模拟。然而，构建高精度 CFD 方法获取尾流场信息数据库的时间成本依然很高，在一定程度上限制了 CFD 尾流预计算方法的数据库规模，从而影响最终的尾流场计算精度和对应的控制效果。为实现风电场尾流场模拟阶段计算精度与计算效率的平衡，需要进一步减少全风况下 CFD 模拟的次数，多精度尾流模拟技术应运而生。

华北电力大学王一妹[54]等人提出多精度（Multi-Fidelity，MF）尾流场模拟方法，将精度较低但计算快速的工程尾流模型与能够包含更多尾流场细节、计算精度更高的 CFD 计算结果相融合，可获得计算精度和计算效率更为均衡的高级预计算模型。

与采用相同数量高精度样本点的单精度模型相比，多精度尾流模拟技术可以利用更少量的高精度样本点获取更高的计算准确度，能够更容易地捕获目标函数的变化趋势，显著降低所需高精度模型样本数量，能极大降低全风况下高精度尾流模型计算所需的时间，为耗时的 CFD 模型在风电场尾流控制等领域的工程应用提供更多可能。但与预计算方法类似，如何选择代表性的高精度样本点，进一步平衡精度与计算量之间的关系，是该技术未来发展的重要方向之一。

6.3.2　集成模型

集成模型通过风况实时预测、快速尾流计算、快速寻优等多个模块的融合和集成，实现风况-功率-尾流之间耦合关系的准确模拟。例如，美国国家可再生能源中心与代尔夫特理工大学共同开发的计算成本低廉、面向控制的风电场稳态尾流特性建模工具 Floris 软件工具包，通过对在役风电场尾流效应仿真模拟，适用于风电场控制策略的设计与优化。

现有研究和软件中主要通过功率系数计算风电机组功率、根据推力系数计算风电机组后尾流区内的风速分布，主要有以下 3 种方式。

（1）理论推导

根据动量叶素理论和致动圆盘理论，得到理论公式如下。

轴向诱导因子 a 为

$$a=1-\frac{u_0}{u_\infty} \tag{6-1}$$

式中，u_∞ 为来流风速；u_0 为轮后风速。

推力系数 C_T 为

$$C_T = 4a(1-a) \tag{6-2}$$

风轮功率系数 C_P 为

$$C_P = 4a(1-a)^2 \tag{6-3}$$

功率 P 为

$$P = \frac{1}{2} C_P \rho A u_i^3 \cos^3 \gamma \tag{6-4}$$

式中，A 为风轮扫掠面积；ρ 为空气密度；u_i 为风轮风速；γ 为风电机组偏航角。

（2）经验公式

应用在 a 大于 0.5、风电机组运行在扰动尾流状态时，推力系数计算方式进行改动，如在 GH Bladed 中应用的经验公式为

$$C_T = 0.6 + 0.61a + 0.79a^2 \tag{6-5}$$

（3）风电机组特性曲线

在针对某种具体风电机组进行研究时，通常采用风电机组供应商提供的 C_T-风速、C_P-风速曲线作为集成模型。这也是目前采用最广泛的方式之一。

6.3.3 控制模型

为了提高单台风电机组的发电效率，在达到额定风速以前，对风电机组采取最大功率跟踪控制策略，在一些情况下，会使下游风电机组受到更大的尾流效应影响，给整个风电场造成更高的功率损失。尾流控制的本质是通过牺牲上游风电机组的发电效率，降低后排风电机组的尾流损失，从而提高全场发电量，主要采取偏航优化[55]和转速优化[56]两种优化策略：

- 偏航优化[57]主要是通过改变上游风电机组偏航角来实现尾流区的偏转，以减小尾流效应的影响，具有控制简单、高效等优点，得到了企业及科研机构的广泛关注与深入研究，但主动偏航会增加风电机组的疲劳载荷，可能会影响设备的寿命；
- 转速优化主要是通过改变上游风电机组的转速，降低上游风电机组的发电效率，以提升下游风电机组风轮前的风速，理论上，给风电机组带来的载荷损伤很小，但需要对原有风电机组控制策略进行更大幅度的改造，相关研究和工程应用很少。

(1) 偏航优化

偏航优化是通过主动改变风电机组的偏航角，使风轮中心线偏离来流风向，以调整尾流方向，使尾流中心偏离下游风电机组，从而降低下游风电机组所受到的尾流效应，提高发电量。基于偏航优化的风电场整场功率优化模型的数学表达式为

$$P=\sum_{i=1}^{n}P_i=\sum_{i=1}^{n}\frac{1}{2}C_{\mathrm{P}i}\rho A_i u_i^3\cos^3\gamma_i \tag{6-6}$$

式中，n 为风电机组的台数；P_i 为第 i 台风电机组的风轮功率；$C_{\mathrm{P}i}$ 为第 i 台风电机组的风轮功率系数；A_i 为第 i 台风电机组的风轮扫掠面积；u_i 为第 i 台风电机组的风轮风速；γ_i 为第 i 台风电机组的偏航角。

(2) 转速优化

目前，风电机组在额定风速以下大部分采用恒叶尖速比控制，从而保证风能利用系数最大，通过改变转速可以改变叶尖速比，从而降低风能利用系数，减小风电机组吸收的风能，提高尾流区内的风速，协调输出功率和尾流损失，使风电场整场输出功率最大。由于转速优化与风能利用系数之间没用通用的经验公式及直接对应的理论公式，采用转速控制后，改变了风轮前后风速比值也就是轴向诱导因子，所以目前转速优化的优化变量主要采用轴向

诱导因子。其数学表达式为

$$P = \sum_{i=1}^{n} P_i = \sum_{i=1}^{n} \frac{1}{2} C_{Pi} \rho A_i u_i^3 = \sum_{i=1}^{n} 2a_i (1 - a_i)^2 \rho A_i u_i^3 \qquad (6-7)$$

式中，P 为风电场整场的输出功率；n 为风电机组的台数；P_i 为第 i 台风电机组的输出功率；u_i 为第 i 台风电机组的来流风速；a_i 为第 i 台风电机组轴向诱导因子。

6.3.4 快速寻优算法

风电场尾流优化控制具有高维度、非线性、多参数耦合等特点，由于风电场流场复杂多变，因此传统控制算法很难完成尾流优化控制。鉴于实际风电场尾流控制问题的复杂性，寻求高效的快速寻优算法成为风电场尾流控制领域的主要研究内容之一。主流快速寻优算法包括数值优化算法、智能优化算法、强化学习算法等。

（1）数值优化算法

数值优化算法是在以风电场整场发电量最大为优化目标，在添加必要约束条件的基础上，将风电场尾流优化控制问题转化为数值优化问题，通过最优化目标函数得到最佳的风电场尾流优化控制方案。数值优化算法具有实现简单、收敛速度快等优点，存在难以找到全局最优解等问题。

（2）智能优化算法

智能优化算法是受人类智能、生物群体或自然规律的启发，通过模拟自然现象或生物群体智能行为的智能化优化算法。虽然智能优化算法中的个体仅遵循简单的规则且无群体中心控制，但是群体间的交互作用引发了全局层面的智能涌现。智能优化算法因简单高效、通用性及适用性强，被广泛应用于风电场尾流控制：华北电力大学顾波[50]等人提出多智能体的风电场优化调度方法；华北电力大学邵振州[51]等人提出基于粒子群的风电场尾流优化控制方法。

(3) 强化学习算法

强化学习算法是一种以环境反馈作为输入的、适应环境的机器学习算法。智能体处在环境中，通过动作影响环境。环境根据奖励函数反馈给智能体一定的奖励[58]。智能体在训练中不断与环境交互，观察对环境的影响和得到的奖励，指导智能体以后的行动。与数值优化算法和智能优化算法相比，强化学习算法具有自学习和在线学习的优点，适用于求解先验知识较少的复杂风电场尾流优化控制问题。华北电力大学王航宇等人以风电机组偏航角、桨距角、转速等控制参数作为智能体动作，以功率和疲劳载荷作为奖励函数设置的参考值，基于深度强化学习算法实现风电场尾流控制。

6.4 面向风电机组延寿的海上风电场疲劳载荷控制

风电机组在运行过程中会长期承受交变的疲劳载荷。疲劳是导致风电机组故障、降低风电机组使用寿命、影响风电机组可靠性的主要原因。海上风电机组长期承受包括风载荷、波浪载荷、流载荷和冰载荷在内的多种交变载荷的复杂耦合作用，疲劳载荷远高于陆上风电机组[59]。因此，面向风电机组延寿的海上风电场疲劳载荷控制可以减少风电机组启/停或变桨等降负荷运行动作，延长风电机组使用寿命，降低风电场全生命周期的度电成本。

6.4.1 海上风电机组疲劳载荷

1. 风载荷

根据空气动力学原理，风会由于结构的阻挡产生顺风向力、横风向力和扭矩。对于常规结构，风对结构的作用以顺风向力为主。作用于海上风电机

组顺风向载荷标准值的数学表达式为[30]

$$W_z = \beta_z \mu_s \mu_z W_0 \tag{6-8}$$

式中，W_z 为作用在结构 z 为高度处单位投影面积上的风载荷标准值，单位为 kPa；β_z 为 z 高度处的风振系数；μ_s 为风载荷体型系数；μ_z 为 z 高度处的风压变化系数；W_0 为基本风压，单位为 kPa。系数 β_z、μ_s、μ_z 可参考《高耸结构设计规范》。

基本风压 W_0 的计算公式为

$$W_0 = \frac{1}{1600}u^2 \tag{6-9}$$

式中，u 为风电机组附近空旷地面，10m 高度处的 50 年一遇的 10min 平均风速。

2. 波浪载荷

对于 D/L 或 $b/L \leqslant 0.2$ 的小尺度桩柱，当 $H/d \leqslant 0.2$ 且 $d/L \geqslant 0.2$ 或 $H/d > 0.2$ 且 $d/L \geqslant 0.35$ 时，作用在水面以上高度 z 处柱体全断面上与波向平行的正向力由速度分力和惯性分力组成，即[30]

$$p_D = \frac{1}{2}\frac{\gamma}{g}C_D D|u| \tag{6-10}$$

$$p_1 = \frac{\gamma}{g}C_M A\frac{\partial u}{\partial t} \tag{6-11}$$

式中，p_D 为波浪力的速度分力，单位为 kN/m；p_1 为波浪力的惯性分力，单位为 kN/m；γ 为海水的重度，单位为 kN/m^3，可取 $10.2kN/m^3$；g 为重力加速度，单位为 m/s^2，可取 $9.8\ m/s^2$；D 为柱体直径，单位为 m，当为矩形断面时，D 改为 b；A 为柱体的断面面积，单位为 m^2；u 为水质点轨道运动的水平速度，单位为 m/s；$\partial u/\partial t$ 为水质点轨道运动的水平加速度，单位为 m/s^2；C_D、C_M 为速度力系数和惯性力系数，参考《海港水文规范》（JTS 145—2—2013）和《滩海环境条件与荷载技术规范》（SY/T 4084—2010）选取。

3. 流载荷

流载荷是以潮流为主的由大范围水体流动所产生的外部载荷，是直接作用在海上风电机组基础结构上的海洋环境载荷。对于海上风电机组而言，流载荷不容忽视。海洋流速随时间变化较为缓慢。流载荷的数学表达式为[30]

$$f=\frac{1}{2}\rho C_{\mathrm{D}}Au_0^2 \tag{6-12}$$

式中，ρ 为海水密度，无实测数据时可取 1025kg/m^3；A 为结构物等效面积，单位为 m^2；u_0 为流速，单位为 m/s；C_{D} 为阻力系数。

4. 冰载荷

对结冰海域的海上风电机组，应考虑冰载荷的作用。根据冰与风电机组的相互作用，冰载荷的主要作用形式分为风和流作用下大面积冰原整体运动时产生的静冰压力和自由漂流的流冰冲击载荷[30]。

（1）固定冰载荷

大面积冰载荷对桩柱或墩产生的极限挤压冰力标准值的数学表达式为

$$F_{\mathrm{I}}=ImkBH\sigma_{\varepsilon} \tag{6-13}$$

式中，F_{I} 为极限挤压冰力标准值，单位为 kN；I 为冰的局部挤压系数；m 为桩（墩）迎冰面形状系数；k 为冰和桩（墩）之间的接触条件系数，可取 0.32；B 为桩（墩）迎冰面投影宽度，单位为 m；H 为单层平整冰计算冰厚，单位为 m；σ_{ε} 为冰的单轴抗压强度标准值，单位为 kPa。以上参数取值可参考《港口工程荷载规范》（JTS144—1—2010）相关规定。

（2）流冰载荷

流冰对直立圆柱、直立圆墩的撞击力标准值的数学表达式为

$$F_{\mathrm{z}}=2.22HV\sqrt{IkA\sigma_{\mathrm{c}}} \tag{6-14}$$

式中，F_{z} 为流冰对圆柱（墩）产生的撞击力标准值；H 为单层平整冰计算冰厚；V 为流冰速度；A 为流冰块平面面积；σ_{c} 为冰的单轴抗压强度标准值。

6.4.2 适用于疲劳载荷控制的疲劳损伤计算方法

1. 等效疲劳载荷

等效疲劳载荷谱是将随机重复变化载荷谱转换成一恒幅载荷谱。等效疲劳载荷的作用效果与在寿命期内的累积载荷作用效果是一样的。等效疲劳载荷 S_{equ} 的数学表达式为

$$S_{\text{equ}} = \sqrt[m]{\frac{\sum n_i S_i^m}{Tf}} \tag{6-15}$$

式中，S_i 为雨流计数周期的应力范围；n_i 为载荷范围 S_i 的循环数；m 为 S-N 曲线方程中的反斜率；T 为原始时间分布的持续时间；f 为载荷信号的频率。

2. 时序疲劳损伤

Palmgren-Miner 线性损伤累积理论认为，材料在载荷时间序列作用下产生的疲劳损伤相互独立、互不干涉、可线性叠加，当累计损伤达到阈值时，材料发生破坏。若结构在 k 种应力变程为 $\Delta\sigma_i$ 的典型载荷循环下各作用 n_i 次，则所受到的时序疲劳损伤的数学表达式为

$$D = \sum_{i=1}^{k} D_i = \sum_{i=1}^{k} \frac{n_i}{N_i} \tag{6-16}$$

式中，D_i 为第 i 种应力变程 $\Delta\sigma_i$ 对螺栓产生的疲劳损伤；n_i 为应力变程 $\Delta\sigma_i$ 对应的累计循环次数；N_i 为应力变程 $\Delta\sigma_i$ 对应的许用循环次数，需根据结构的 S-N 曲线确定；k 为应力变程 $\Delta\sigma_i$ 的总种数。

6.4.3 疲劳载荷优化控制应用

海上风电场运行维护成本高，尾流效应影响突出，除影响风电场发电效率外，还会增大风电场内风电机组的疲劳损伤，增加运行维护成本。针对降

低风电机组疲劳损伤，现有的主流方式是，在海上风电场自由发电阶段，各风电机组按照整场出力策略运行；在调度中心要求海上风电场限功率运行阶段，优化风电场各风电机组的疲劳分布，以疲劳损伤或疲劳不均衡性最低为优化目标进行疲劳载荷优化控制。

1. 以整场疲劳损伤最小为优化目标的优化控制

（1）目标函数

与传统的能源发电站不同，风电场运行没有火电厂机组的煤耗曲线，也没有水电站的流量调控，能利用的就是当地的风电功率预测曲线。风电场风电机组组合主要取决于风电机组所处位置的风速状况与电网对风电的容纳能力。根据风功率预测数据和电网的调度指令，以风电机组关键部件的疲劳损伤量最小[60]为优化目标，寻找既能减少冗余运行，又可避免频繁启/停的风电机组组合方案，优化目标函数为

$$F=\min\left\{\begin{array}{l}\sum_{j=1}^{T}\sum_{i=1}^{N}(a_i^j u_i^j\cdot t)+\sum_{j=1}^{T}\sum_{i=1}^{N}b_i^j u_i^j(1-u_i^{j-1})+\\\sum_{j=1}^{T}\sum_{i=1}^{N}c_i^j u_i^{j-1}(1-u_i^j)+\sum_{j=1}^{T}\sum_{i=1}^{N}[d_i^j(1-u_i^j)\cdot t]\end{array}\right\}\tag{6-17}$$

式中，F 为总的损伤量；T 为时间周期数；N 为风电机组的台数；a_i^j 为表示风电机组 i 在 j 时段正常运行时的疲劳损伤；b_i^j 为风电机组 i 在 j 时段启动时的疲劳损伤；c_i^j 为风电机组 i 在 j 时段停机时的疲劳损伤；d_i^j 为风电机组 i 在 j 时段空转时的疲劳损伤；u_i^j 为风电机组 i 在 j 时段的启/停状态，0 代表停机，1 代表运行；t 为风电机组的运行时间。

（2）约束条件

风电机组组合的约束条件如下。

① 机组出力上下限约束为

$$P_{i,\min}^{j}\leqslant P_{i,\text{predict}}^{j}\leqslant P_{i,\max}^{j}\tag{6-18}$$

式中，$P_{i,\text{predict}}^{j}$为第 i 台风电机组的功率预测值；$P_{i,\min}^{j}$，$P_{i,\max}^{j}$为第 i 台风电机组的最小和最大出力。

② 负荷调度约束为

$$\sum_{i=1}^{N}(P_{i,\text{predict}}^{j}\cdot u_{i}^{j})-P_{\text{loss}}=P_{\text{load}}^{j} \tag{6-19}$$

式中，P_{load}^{j}为第 j 时间段风电场规划的负荷出力，满足电网中调负荷指令。

③ 最大功率变化率约束。

在风电场并网、风电机组正常停机及风速增长过程中，风电场功率变化率见表 6-1。

表 6-1　风电场功率变化率

风电场装机容量（MW）	10min 最大变量（MW）	1min 最大变量（MW）
<30	20	6
30~150	装机容量/1.5	装机容量/5
>150	100	30

2. 以整场疲劳均匀性最大为优化目标的优化控制

(1) 目标函数

在功率运行阶段，设计海上风电场的疲劳和有功综合优化策略[61]为

$$\min[F_{\text{st}}^{\text{farm}}(t_{\text{f}})]=\min\sqrt{\frac{1}{n_{\text{farm}}}\sum_{t=t_0}^{t_{\text{f}}}\sum_{i,j}[F^{i,j}(t)-\overline{F^{\text{farm}}(t)}]^{2}} \tag{6-20}$$

式中，$F_{\text{st}}^{\text{farm}}(t_{\text{f}})$为 t_{f} 时刻风电场中各风电机组的疲劳系数标准差；$\overline{F^{\text{farm}}(t)}$为 t 时刻风电场内各风电机组的疲劳系数平均值；n_{farm}为风电机组的台数；t_0 为当前时刻。

(2) 约束条件

风电场有功功率约束条件表示风电场有功功率不能过大偏离参考值，并且从电网安全稳定角度来看，偏离程度越小越好。

$$\left| P_{\text{ref}}^{\text{farm}}(t) - \sum_{i,j} P^{i,j}(t) \right| \leqslant \varepsilon_{\text{farm}} \tag{6-21}$$

式中，$P_{\text{ref}}^{\text{farm}}(t)$为电网调度机构 t 时刻下达给风电场的参考功率；$P^{i,j}(t)$为 t 时刻风电机组 $A(i,j)$的有功功率；$\varepsilon_{\text{farm}}$为风电场跟踪参考功率的误差上限。

风电机组出力约束条件表示控制系统指定的各风电机组应能发出的有功功率，具备可执行性。

$$P_{\text{low}}^{i,j} \leqslant P^{i,j}(t) \leqslant P_{\text{rate}}^{i,j} \tag{6-22}$$

式中，$P_{\text{low}}^{i,j}$、$P_{\text{rate}}^{i,j}$分别为 $A(i,j)$最低功率和额定功率。

6.5 面向电力系统辅助服务的海上风电场（群）优化运行控制

针对海上风电场并网对我国东部电网稳定性影响较大的问题，需要采用相应的面向电力系统辅助服务的海上风电场（群）优化运行控制策略，主要包括系统调频、系统调峰、系统备用等方面。

（1）随着海上风电场朝着深远海方向发展，通过柔性直流方式并网的风电机组数量愈发增多，然而由于风电机组惯性时间常数较小及柔性直流输电系统的解耦作用，因此导致交流系统的惯量降低，且海上风电场无法直接响应陆上交流系统的频率变化。为解决上述问题，当前研究主要采用转子动能控制、减载控制、集群控制等方式参与频率支撑：

- 转子动能控制主要通过附加惯性控制及下垂控制等方式，当频率下降时，通过改变转速，将储存在转子中的动能释放，从而参与系统惯性支撑，响应速度较快，然而在缺少功率备用的情况下，支持时间及容量有限。
- 减载控制主要通过两种方式实现，分别是将风电机组工作点从最大功率跟踪点右移，使风电机组工作在减载工作点，从而实现超速减载的控制方式，响应速度较快，然而与转子动能控制类似，仍然存在可调容量较小的问题，通过改变风电机组桨距角实现功率备用的变桨减载控制方式，可调范围广，可调容量大，然而需要对机械结构进行调整，调节速度可能对机械结构造成损伤。

- 集群控制是针对大规模风电场（群）风电机组运行状态存在较大差异情况下的控制策略，在风电场整合接收的系统调度指令和风电机组运行状态信息后，根据不同风电机组运行特性，按照一定分配策略，将调频有功设定值分配给各风电机组，以充分发挥风电场的调频能力控制策略，对通信可靠性及迭代优化目标的选取要求较高。

（2）风电的波动性和反调峰特性增加了电网调峰的难度。与陆上相比，海上风电机组由于运行环境的特点，若频繁启/停，则会对风电机组产生更为显著的影响，因此反调峰特性更突出，在满足调峰需求的前提下，最大化风电场的发电能力，减少风电机组启/停次数，是海上风电机组参与调峰的主要研究内容。为解决上述问题，当前研究主要从两方面着手：

- 通过优化风电机组的有功控制策略，从而充分利用电网的消纳能力；
- 通过光伏、核电、水电等多种能源的协同运行，实现电网经济运行，促进风电消纳。

（3）海上风电由于具有随机性和波动性，难以直接用于系统备用，因此需要配以一定容量的储能，与陆上相比：一方面海上天气条件恶劣，对储能设备耐高压、耐风浪、耐海水腐蚀等性能要求更高；另一方面，对水的利用更加方便直接，抽水储能、水下压缩空气、氢气储能等方式更方便经济。

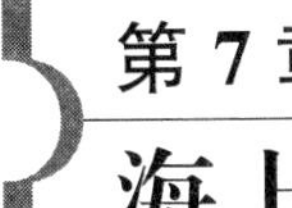

第7章 海上风电机组故障诊断与健康管理

7.1 引言

海上风电运维成本占项目全生命周期总成本的20%以上，是陆上风电运维成本的2~3倍[62-65]。控制运维成本已经成为决定风电运营效益的关键。海上风电运维对风电场运营经济性带来巨大挑战，已逐渐成为影响海上风电发展的主要因素之一。

海上风电场的维护工作面临着完全不同于陆上风电场的挑战。本章将从分析海上风电运维所面临的故障率高、可达性差和成本高等挑战入手，围绕海上风电设备故障诊断、海上风电场运维管理及核心前沿技术展开介绍。

7.2 海上风电运维面临的挑战

尽管海上风电装机容量增长迅速，但维护难度大、费用高等特点使海上风电度电成本远高于陆上风电，使海上风电场的盈利状况受到极大影响[63]。海上风电场的特殊地理位置及环境状况，给海上风电带来巨大挑战，体现在以下三个方面。

(1) 海上风电机组故障率更高

海上风电场的平均风速大、年利用小时数高，设备更易受盐雾、台风、海浪、雷电、冰载荷等恶劣自然条件影响，风电机组部件失效快，使用寿命缩短。另外，由于海上风电场离岸较远，不便于频繁的日常巡视，因此，海上风电机组故障率显著高于陆上风电机组。据统计，海上风电机组的年平均可用率只有70%~90%，远远低于陆上风电机组95%~99%的可用率。

（2）海上风电机组可达性差

海上风电场大多地处海洋性气候和大陆性气候交替影响的区域，天气及海浪变化较大。由于海上运输设备（如运维船、直升机等）受天气影响很大，因此当浪高或风速超过运输设备的安全阈值时，出于安全考虑，运维技术人员不能登陆风电机组进行维护，维护作业时间较短，且具有随机性。据统计，以现有的技术水平，每年能够接近海上风电机组的时间只有200天左右，并会随着海况条件的恶化而减少。

（3）海上风电场运维成本更高

海上风电场维护需要租赁或购买专用的运输船、吊装船和直升机等，零部件的运输和吊装成本远高于陆上风电场。另外，海上风电机组的维护受限于海况条件，往往不能对风电机组进行及时有效的维护，从而造成一定的电量损失，间接增加海上风电场的运维成本。

7.3 海上风电场运维和健康管理

对于已经建成的海上风电场，维修人员、备品备件和船只的可用性、天气条件、维修策略及船舶租赁、工人和备件成本等均会影响海上风电场的维护安排和维护费用。通过优化运维策略和调度决策，结合先进的运维技术（如状态监测、故障诊断和故障预测等），构建合理的运维体系，可以有效降低海上风电场的运维成本。

本节将分别从维护策略、可达性估计和维护路径优化等三个方面对现有技术和研究进行归纳，总结目前海上风电维护管理技术领域存在的问题，并提出未来的研究趋势及发展方向。

7.3.1　维护策略

海上风电场的维护成本不仅包括由运行维护产生的人工费用、维修费用和备品备件等费用，还包括风电机组因停机所造成的电能损失。因此，研究海上风电的维护策略对保证风电场经济性与可靠性至关重要。维护策略的分类方式很多，根据欧洲标准化协会规定，风电机组的维护可以分为事后维护、计划维护、状态维护等三类策略。目前，国内外针对海上风电维护策略的研究较多，如图 7-1 所示[66,67]。

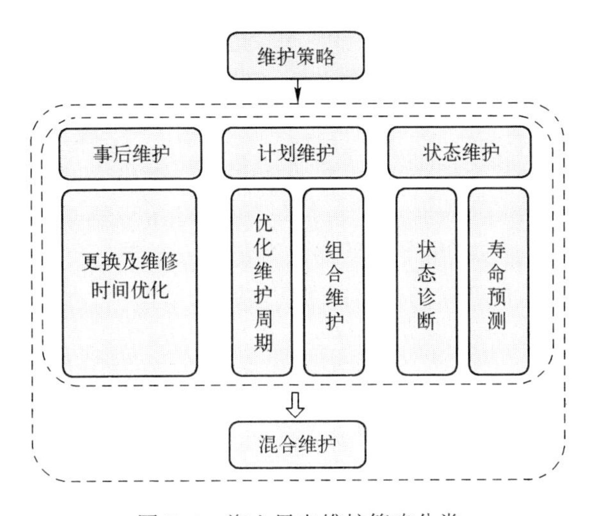

图 7-1　海上风电维护策略分类

(1) 事后维护策略

事后维护策略是指在设备发生故障前，不对设备进行预防性维护，待到设备发生故障后，再安排相关人员登陆海上风电机组进行维护。由于故障的发生具有随机性，因此与陆上相比，面对设备所处的恶劣的自然环境、复杂的地理位置及困难的交通运输条件，维修人员会难以接近，若无法及时维修，将导致停机时间更长，发电量损失巨大。

对于海上风电场而言，事后维护虽然能在一定程度上降低对风电机组维护及检查的频率，但会导致更长的维修时间和故障停机时间，因此只适用于重要程度及维护成本低的部件，经济性远低于其他类型的维护策略。据统计，现有海上风电场的事后维护费用占总运维成本的65%~75%[62]。

(2) 计划维护策略

计划维护策略是指在对设备的故障规律有一定认识的基础上，无论设备的状态如何，均按照预先规定的时间进行维护，是目前最经济可行的维护方式，也是目前所采用的最主要的维护策略。

计划维护主要分为日常巡检和特殊巡检。海上风电场设备的日常巡检主要对风电机组、水面以上风电机组基础、海上升压站设备、风电场测风装置、升压变电站、场内高压配电线路等进行巡回检查。特殊巡检是针对发生风暴潮、台风、海上水文气象异常等情况，或海上风电机组、海上升压站非正常运行，或风电机组进行过事故抢修（或大修），或新设备（技术改造）投入运行后，增加的特殊巡回检查。

与海上风电场计划维护策略相关的研究主要包括计划维护策略优化和基于计划维护策略的组合维护。对计划维护策略优化的研究主要集中在优化计划维护周期。计划维护周期选择得不恰当，会出现过度维护或维护不足的现象，造成维护成本过高或可靠性过低的后果。

组合维护策略是一种对计划维护策略的扩展。为降低成本，近期部分学者提出了组合维护方法，即在对某一部件进行维护时，对其他还未达到维护周期的部件提前进行维护。

(3) 状态维护策略

状态维护策略是预防性维护的一种，是指在海上风电设备中安装多种传感器，用于采集风电机组当前的运行状态数据，通过评估风电机组的运行状态数据和健康预测，确定风电机组的维护时机和维护内容。状态维护是通过风电机组状态监测过程中的状态信息对风电机组运行状态进行判断，以便及时发现故障，并迅速制定正确有效的维护方案。状态维护可使风电设备的维修管理从计划维护、事后维护逐步过渡到以状态监测为基础的预防性维护。状态维护示意图如图 7-2 所示。状态维护能够最大限度地保证风电机组可靠性的同时，减少不必要的维护操作，降低停机时间，在一定程度上能够降低维护成本。

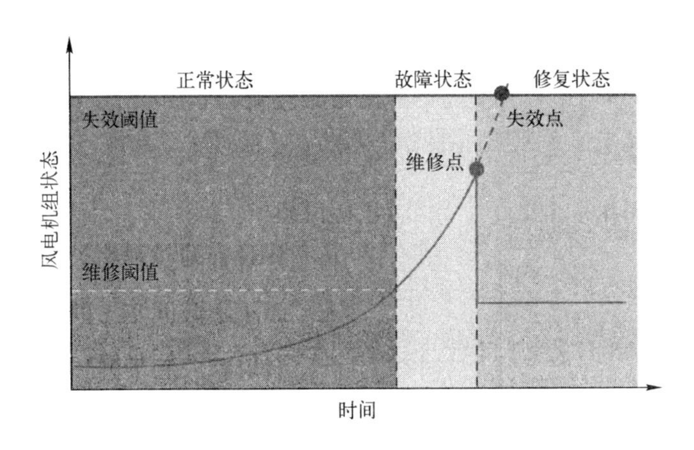

图 7-2　状态维护示意图

由于状态维护需要复杂且昂贵的状态监测设备及系统，因此出于成本考虑，目前已投运的海上风电场，采用状态维护方式的还比较少。随着技术的进步与发展，状态监测系统的成本将会持续降低，海上风电场状态维护策略的研究成果对未来的运维发展至关重要。

对于状态维护而言，维修阈值的选择对维修费用会产生较大的影响。当风电机组或部件发生早期故障后，预测风电机组或部件的剩余寿命对海上风电场运维具有重要指导意义。基于状态监测对风电机组或部件进行寿命预测，能够提前安排维修方案，调配维修资源，以避免风电机组或部件发生失效造成损失。

(4) 混合维护策略

每种维护策略均适用于特定的零部件。单一的维护策略无法满足风电机组整体运维费用最低的需求。目前，大量研究开始采用多种维护策略相结合的方式，使总运维费用最低。针对不同的海上风电设备选择不同的维护策略，在满足风电机组可靠性要求的前提下，最小化风电场综合运维成本是未来混合维护策略的研究方向。

7.3.2 可达性估计

海上风电场的维护和检修任务需要在适航窗口内进行，然而海上环境恶劣、可达性条件差，使得海上风电场的直接维护成本及发电量损失远高于陆上风电场，是造成海上风电场可利用率低和运行维护成本高的重要原因。因此，展开海上风电场可达性的量化分析对降低海上风电全生命周期成本有着重要的意义。

海上适航条件主要取决于有效波高、海上风速及运维交通工具的限制条件等因素。关键要素有往返时间和天气窗口期：

- 往返时间是指船只从调度中心或上一次任务执行点到需要维护的海上风电设备所在位置的航行往返时间，以及维护工作的执行时间。一般情况下，风电场规模越大、离岸越远、执行的维护任务越复杂，所需的往返时间越长。
- 天气窗口期是指根据海上波浪及天气情况，运维船可以安全到达维护地点并执行维护工作的时间段。运维船能够抵御的波浪高度越高，可能的天气窗口期越长。一些文献表明，运维船的有效波高限制通常为 1~3m，风速限制通常为 10~20m/s，直升飞机无波高限制，风速限制为 20~40m/s。

华北电力大学张浩等人提出海上风电场有效波高的多步概率预测模型与海上风电场可达性的不确定性模拟方法：通过深度学习中的序列到序列预测建模方法提出序列概率预测模型，并对未来 1~12h 内的有效波高概率预测；通过蒙特卡罗方法模拟海上风电场的运维流程，将运维流程出现的时间延迟分为三类，统计三类延迟的出现频率与时间分布特征，进而分析海上风电场在选择不同运维船时的可达概率及运维总时间延迟分布，从而为维护策略提供指导。

7.3.3 维护路径优化

海上风电场会出现多台风电机组同时发生故障的情况。面对昂贵的海上运输设备租赁及使用费用，如何在有限的适航窗口期内，合理规划运维航线、人员和船只配置，通过运维船或直升机将技术人员、设备、备品备件等运输到维护地点，高效、快速、经济地完成所有维护任务是海上风电维护管理所面临的另外一个难题。

运维船的路径规划是一个复杂的多约束组合优化问题。目前针对海上风电维护路径优化的研究可以分为单风电场维护路径优化和风电场群维护路径优化[68]。

图 7-3 为维护路径优化流程[69]。

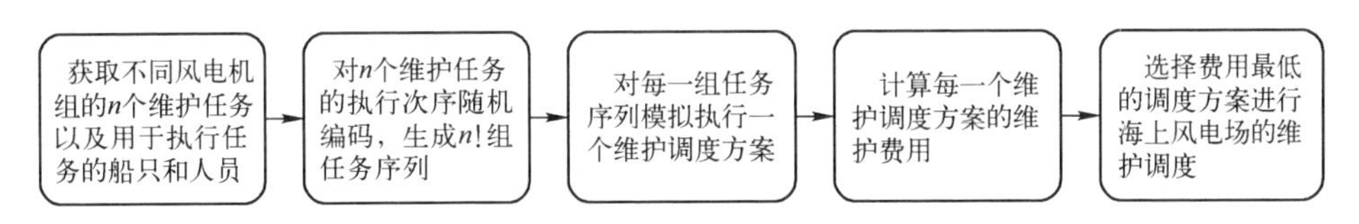

图 7-3 维护路径优化流程

① 获取不同风电机组的 n 个维护任务。

② 随机排列维护任务，每种排列方式即为一组任务序列，共生成 $n!$ 组任务序列。

③ 对每组任务序列模拟执行相应的维护调度方案，包括船只根据维护任务顺序依次输送设备和维护人员至维护地点，以及维护人员执行维护工作，具体流程如下：

- 调用所有可用船只共 m 条（$m<n$）；
- 根据任务序列，对前 m 个维护任务安排船只执行维护任务，按照相应风电机组维护需求分配维护人员和备件数量（若维护所需备件及人员数量多，则可考虑同时安排多条船只），维护人员执行维护任务；
- 对第 $m+1 \sim n$ 中的每一个维护任务，派出 m 条船只中距离所需维护地点距离最短的船只，并判断船只上装载的维护人员和备件是否能执行维护任务，若否，则选择除该船只以外最近的船只继续判断，直至选择到合适的船只；若全部不符合，则待船只返航后，重新配备人员及备件。

④ 根据当时可用船只数量调整维护方案，计算每一个维护调度方案的维护费用，并以维护费用最低为目标，选择路线最优的维护调度方案。

运维服务提供商可以使用多个港口作为运维基地为多个海上风电场提供运维支持。随着越来越多邻近风电场的集群开发，考虑多运维基地-多风电场的维护路径优化与调度愈发重要。这种方式能够在一定程度上为降低大型远海风电场的运维成本提供方案[68]。

7.4 海上风电设备故障诊断

能够实现状态维护的核心是风电设备及核心零部件的状态监测与故障诊

断技术。状态监测与故障诊断技术适用于风电机组齿轮箱、主轴、发电机和叶片等具有退化失效过程的关键部件，以及海上风电场的电气设备。

针对不同的监测信号，目前已发展了不同的故障诊断技术，可监测的信号包括振动信号、声学信号、电信号、温度信号及油液成分等，在海上风电设备上安装了各类传感器，可以测得大量的状态数据[70]。由于海上风电设备往往运行在恶劣的风况和海况条件下，加上设备运行状况本身也比较复杂，因此所采集到的信号往往表现出较强的非平稳性和非线性，有时还具有较低的信噪比。如何处理和分析这些信号，是当前风电设备状态监测与故障诊断的关键难题。

7.4.1 海上风电场故障诊断技术分类

1. 按监测设备分类

海上风电场由众多设备组成。与陆上风电场故障诊断技术的研究对象不同，海上风电场故障诊断技术的研究对象除了聚焦于海上风电机组及其关键设备，还需要重点关注海上电力送出设备，如海缆。

由于子系统零部件的故障率相对较高，停机时间相对较长，因此故障诊断和健康管理需要重点关注故障率较高或停机时间较长的零部件。由于风电机组的类型和结构各异，可靠性较高，很难在短期内捕捉到各类故障和对应的停机时间，因此要得到比较准确的故障率，需要尽可能覆盖各种机型，包含足够多数量的风电机组，且持续足够长的时间。图7-4和图7-5分别为陆上与海上风电机组各部件的故障率和停机时间统计。该结果统计了来自全球18个风电机组可靠性公开数据集中，18000台风电机组的超过90000机组年运行时间的故障率和停机时间，包含14个陆上风电机组的数据集和4个海上风电机组的数据集[71]。由图可知，海上风电机组大多数部件的故障率和停机时间都远高于陆上风电机组。同时，由海上风电机组齿轮箱和发电机故障造成的停机时间远远高于其他部件，引起齿轮箱和发电机故障的主要原因为齿轮箱和发电机轴承故障。虽然齿轮箱和发电机的故障率不是最高的，但是由于这些部件的维修十分困难，所导致的停机时间是最长的，因此轴承、发电机和齿轮箱的健康状态是最需要关注的。

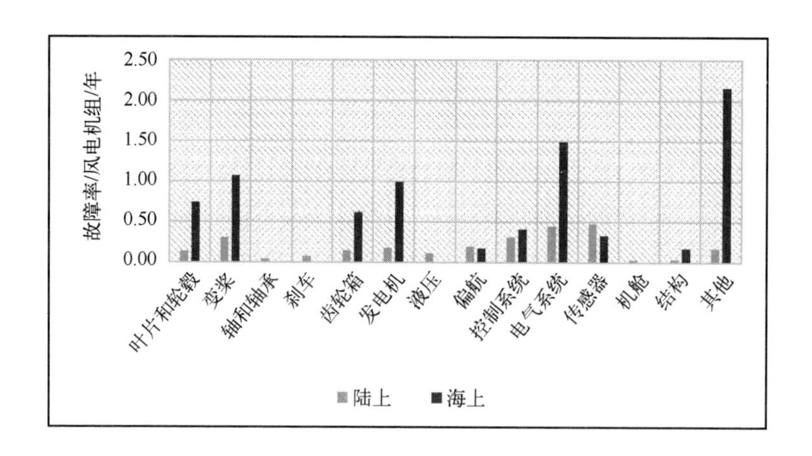

图 7-4　陆上与海上风电机组各部件的故障率统计

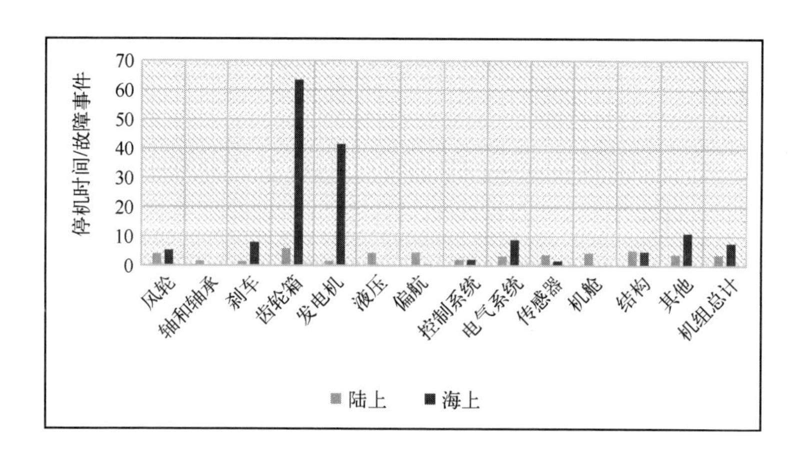

图 7-5　陆上与海上风电机组各部件的停机时间统计

2. 按状态监测技术分类

(1) 振动监测技术

振动监测技术是风电机组状态监测领域使用最广泛的技术，可覆盖风电机组的齿轮箱、轴承、发电机、机舱、叶片、塔筒、基础等零部件的状态监测。图 7-6 为振动监测点布置位置示意图。

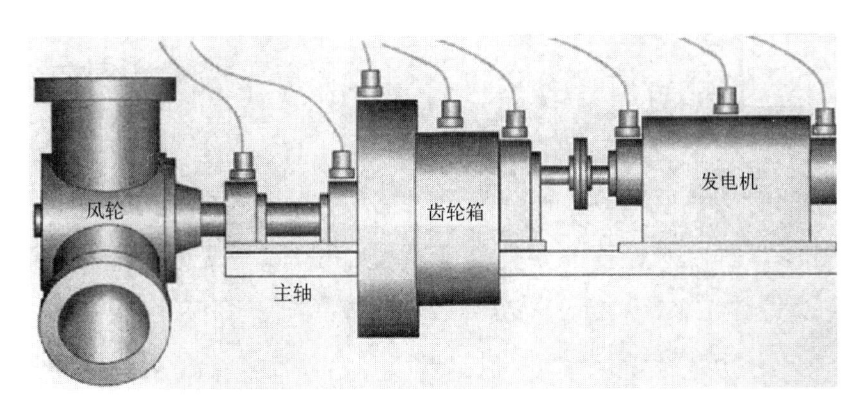

图 7-6 振动监测点布置位置示意图

振动信号分析是对所提取的振动信号进行处理与分析，进而挖掘出隐含在振动信号中的风电机组故障信息，常用的方法主要有时域分析法、频域分析法、时频分析法等。

① 时域分析法。

时域分析法是指分析时域波形中的幅值、周期值、形状、方根、陡峭度等特征值，虽然具有简单、便捷的优点，但也具有明显的局限性：一是风电机组在某些工况下运行时振动信号的时域波形无明显规律，无法直接从时域波形中得到有效信息；二是信号较弱时可能会被其他噪声信号干扰，导致故障诊断的准确率不高。因此，时域分析法一般作为振动信号的初步诊断方法。

② 频域分析法。

频域分析法是振动信号处理方法中应用最普遍的一种方法，包括包络分析、倒频谱分析和谱峭度法，是以快速傅里叶变换（Fast Fourier Transform，FFT）为基础实现的。傅里叶变换将复杂信号分解为有限个不同频率的谐波分量之和，实现信号从时域到频域的转变。

在实际运行的风电机组发生故障时，其频谱图会出现新的频率信息或原有信号频率的幅值发生变化，表明出现新的故障或原有故障愈发严重。与时域分析法相比，频域分析法更加直观，通常用于轴承、齿轮等部位的振动信号分析。由于转速、负载及工作环境的变化，风电机组的振动特性是非线性、非平稳的，因此频域分析法无法精准地处理。对于这种非平稳信号，需要采用更高级的信号处理方法。

③ 时频分析法。

时频分析法是时频联合域分析的简称，能提供时间域和频率域的联合分布信息，可清楚地描述信号频率随时间变化的关系及不同时间、不同频率下的振动密度和强度。时频分析法将一维时域信号映射到二维时频平面，可以得到各个时刻的瞬时频率，避免局部信息的遗漏，能全面反映非平稳信号的时频联合特征，是分析非平稳信号的有效方法。

常用的时频分析法分为线性和非线性两种。典型的线性时频分析法有短时傅里叶变换（Short-Time Fourier Transform，STFT）、连续小波变换等。典型的非线性时频分析法有魏格纳威利分布（Wigner-Ville Distribution，WVD）、希尔伯特黄变换（Hilbert-Huang Transform，HHT）等。

（2）声学监测技术

声学监测技术与振动监测技术类似，区别在于：振动传感器是刚性安装在待监测部件上的，声学传感器通过低衰减的柔性胶粘贴在待监测部件上。最有效的基于声学测量的轴承状态监测技术是声发射技术。声发射技术最主要的应用是检测裂纹。

(3) 电学信号监测技术

基于电信号的状态监测通常根据电压和电流等信号来检测异常电气部件，由于电阻随零部件的刚度变化，因此能够检测可能由裂纹、分层或疲劳引起的刚度变化。

(4) 油液监测技术

风电设备的重要信息都会在所使用的润滑油品中以各种指标的变化反映出来，对于风电设备也可以通过对主齿轮箱、变桨装置、偏航装置、刹车控制装置的润滑油理化状况、油中磨损金属颗粒和污染杂质颗粒等项目的跟踪监测分析，来获得有关润滑油状态与设备摩擦副润滑磨损状态的各种信息，据此判断设备的运行状态，诊断设备磨损故障的类型、部位及其原因。

很多风电场运维人员将油液送到指定商业实验室进行检验，以监测设备运行状态和故障情况，但是单纯依靠实验室检验报告，会使油液监测的效果大打折扣。这主要因为：第一，时效性差，商业实验室出报告的时间通常为1~4周，加上送样和报告传输的总时间会更长；第二，路途远，费用高，风电场一般在偏远地区，如果经常要送油样到实验室去分析，则运费开支较高，而且液体物品寄送管制越来越严，更有可能遇到油样无法寄送的情况；第三，相关检验需要专业的设备和人员，人员水平直接影响检验结果的故障判断精度。

为解决时效性问题，可采用即时油液监测，能有效指导风电企业进行设备状态的维修和润滑管理，预防设备重大事故的发生，得到越来越多的风电场运维人员和风电场业主的认可。

3. 按信号来源分类

(1) 基于CMS系统

状态监测系统（Condition Monitoring System，CMS）是针对设备状态参数

（例如温度、振动）的监测系统，目的是为了根据参数变化判断设备是否会有异常，一般是监测导致设备可能发生异常的参数的大幅变化。

如今，CMS 已经成功应用于风电行业，包括齿轮箱、润滑油、叶片、塔架和基础等在内的诸多风电机组零部件的状态监测系统都已得到广泛应用。例如，通过监测传动链的振动变化趋势来反映风电机组的健康状况；通过监测润滑油中的水分颗粒度等相关参数反映齿轮箱的运行状态；通过监测叶片运行时的振动位移或声音频率、分贝值来监控叶片的健康状态；替代垂直度检测，通过在线系统实时监测塔筒晃动及不均匀沉降；等等。

虽然 CMS 具有精度高、针对性强等优势，但应用于海上风电领域时依然面临一些挑战：首先，对于处在海洋环境中的海上风电设备，其腐蚀速度通常会比陆上更快，且海上较高的风速和较差的可达性会进一步加剧这些影响，导致更长的停机时间，目前的商用风电机组 CMS 尚未考虑这类情况的检测、诊断和预后；其次，CMS 需要针对各个监测对象额外加装传感器，海上风电场中的风电机组数量多、可靠性要求高，投资成本十分高昂；最后，CMS 由电子元器件和传感器组成，在海上等恶劣环境下特别容易发生故障。CMS 的定期维护和重新校准十分重要，同样带来高昂的维护成本。同时，运营商还面临着处理、传输、存储和解释大量监测数据的挑战。

（2）基于 SCADA 系统

SCADA 系统是用来确保风电机组安全和稳定运行的监控系统。由于 SCADA 系统会记录风电机组运行的关键数据和报警状态，因此风电机组 SCADA 数据可以作为故障诊断的重要状态数据。其最大优势是不需要额外的传感器和硬件成本[70]。

然而，相比专门开发的状态监测系统 CMS 而言，基于 SCADA 系统的监测与诊断系统有相当多的局限性，无法代替专业的 CMS，主要体现为：

- SCADA 系统并未采集风电机组完整的状态监测信号；

- SCADA 系统中的数据以非常低的采样率进行记录（通常为 10min 或 15min），无法满足一些状态监测和故障诊断的需要；
- 基于 SCADA 系统的数据分析工具还未能得到广泛验证，由于风电机组运行在时变的工况条件下，因此 SCADA 系统经常会给出虚假警报；
- 基于 SCADA 数据获得的健康状态指标，如轴承温度升高等，通常被认为只能得到晚期的故障诊断结果，意味着，当发现某些异常时，通常已经到了不得不停机的时候，无法留出必要的故障预后时间。

7.4.2 海上风电机组关键零部件故障诊断

本节将具体介绍齿轮箱、轴承、发电机、叶片等风电机组关键零部件在发生故障时的振动特征，以及适用于这些关键零部件的其他有效故障诊断方法[72]。

1. 齿轮箱故障诊断

振动分析是用于诊断齿轮箱故障最常用的方法，核心是找到典型故障下的振动特征。齿轮箱的振动主要源于齿轮啮合，主要频率为各轴转动频率、齿轮啮合频率、齿轮固有频率及各种以这些频率调制产生的边频带。无论齿轮是否正常运行，均会产生本身的固有频率振动，振动形态可能会有不同。齿轮的固有频率振动多为 1~10kHz 的高频振动，当高频振动传递到齿轮箱体时，振动冲击已经衰减，在多数情况下只能监测到齿轮的啮合频率[73]。下面将从正常啮合、齿轮磨损和齿轮局部故障等三个状态下分别介绍振动特征。

（1）正常啮合状态下的振动特征

正常啮合的齿轮振动通常较为平稳，时域波形为周期性的衰减波形，低频信号近似正弦波。从频率上分析，正常齿轮振动时通常含有啮合频率及其谐波频率，且以啮合频率为主，高次谐波频率依次减小，在低频处会有齿轮轴旋转频率及其高次谐波频率。

（2）齿轮磨损状态下的振动特征

齿轮磨损通常是由磨料磨损引起的。齿面磨损时，啮合频率及其谐波分量频率在频谱图上的位置保持不变，幅值大小会发生改变，且高次谐波频率幅值相对增大。因此，齿轮磨损的主要特征是啮合频率及其谐波分量频率幅值大小的改变。此外，随着磨损的发展，齿轮刚性表现出非线性的特点，振动波形会出现 2 倍、3 倍等啮合频率的高次谐波，或 1/2、1/3 等啮合频率的分数谐波，或出现具有非线性振动特点的振幅跳跃现象。

（3）齿轮局部故障状态下的振动特征

齿轮局部故障包括齿根出现较大裂纹、齿面局部磨损、齿形局部误差、断齿等。带有局部异常的齿轮运转时，异常部位参与啮合会产生很大的冲击。冲击个数取决于局部故障的数目。在时域上，这种状况下的齿轮通常会表现出幅值很大、有规律的冲击振动。这种冲击振动的频率通常等于故障齿轮所在轴的旋转频率。在频域上，局部异常齿轮的具体表现为：啮合频率及其高次谐波频率附近出现间隔为轴旋转频率的边频带；旋转频率及其高次谐波频率下可能会出现 10 阶以上的信号；由于冲击能量大，会激励齿轮固有频率，出现以齿轮各阶固有频率为载波频率、以故障齿轮所在轴的旋转频率及其高次谐波频率为调制频率的调制边频带。

2. 轴承故障诊断

轴承作为风电机组的重要零部件，在传动系统中的主轴、齿轮箱、发电机中都有应用。传动系统中的轴承通常为滚动轴承，振动主要是由滚动体与内外圈接触激励产生的。下面将从正常运行、轴承磨损和轴承局部故障等三个状态下分别介绍轴承的振动特征。

（1）正常运行状态下的轴承振动特征

正常轴承转动时也会产生复杂的振动。这些振动主要包括轴承的固有振动和外力激发振动，以及由轴承弹性特性引起的振动：滚动体刚性很大，在载荷作用下，一般只发生微小弹性形变，当载荷过大时，会出现非线性弹性形变，出现非线性振动。

（2）轴承磨损状态下的振动特征

随着轴承旋转，磨损加剧，振动的加速度峰值和均方根（RMS）值逐渐上升，振动信号会呈现较强的随机性。如果不发生疲劳剥落，则最后的振动幅值会比最初增大很多倍。

（3）轴承局部故障状态下的振动特征

若轴承滚动体或内外圈存在局部缺陷（如剥落、点蚀、裂纹、压痕等），则当接触点经过缺陷时就会产生冲击。这种由周期性冲击引发的振动频率取决于故障出现的部位，因而被称为故障通过频率，计算公式如下。

滚动体通过频率（Ball Spin Frequency，BSF）为

$$f_{\mathrm{B}}=\frac{D}{2d}\left[1-\left(\frac{d}{D}\cos\varphi\right)^{2}\right]f \tag{7-1}$$

内圈通过频率（Ball Pass Frequency Inner race，BPFI）为

$$f_{\mathrm{I}}=\frac{1}{2}Z\left(1+\frac{d}{D}\cos\varphi\right)f \tag{7-2}$$

外圈通过频率（Ball Pass Frequency Outer race，BPFO）为

$$f_{\mathrm{O}}=\frac{1}{2}Z\left(1-\frac{d}{D}\cos\varphi\right)f \tag{7-3}$$

保持架频率（Fundamental Train Frequency，FTF）为

$$f_{\mathrm{F}}=\frac{1}{2}\left(1-\frac{d}{D}\cos\varphi\right)f \tag{7-4}$$

式中，d 为滚动体直径；D 为轴承节径；Z 为滚动体数目；φ 为接触角；f 为轴的转频。

3. 发电机故障诊断

下面主要介绍发电机故障时的机械特性（主要考虑振动特性）和电气特

性（主要考虑电流特性）。

（1）发电机振动特性

发电机的主要电磁振动形式包括由径向电磁力产生的电磁振动和基波磁场产生的电磁振动，除了电磁振动，还会有其他形式的振动，包括转子的机械振动、轴承机械振动及由换向器和电刷等装置产生的振动。

由于发电机转子存在质量不平衡，因此在运转过程中会产生离心力，引起周期性的结构振动，其振动频率以转子的旋转频率为主。此外，转子如果存在其他安装问题，如轴系不对中、转子弯曲等，也会造成振动。当转子存在故障时，如转子有裂纹、部件脱落、铁芯或线圈松动、断条等，将会产生附加的异常振动。由不同故障产生的振动频率存在差异，可以据此对转子故障进行诊断。

发电机的转子两端用轴承支撑。风电机组发电机转子的支撑轴承通常为滚动轴承。滚动轴承在运行过程中所产生的振动主要源自滚动体与内外圈接触产生的激励。由于轴承的制造和安装存在误差，因此内外圈表面存在波纹或滚动体大小不均等，从而引起振动。在正常工作状态下，由于不同部位承载的滚子数不同，导致轴承的承载刚度发生变化，引起轴心起伏振动。对于重载轴承，滚动体与内外圈接触可能产生形变，也会产生振动。除此之外，如果滚动轴承内外圈或滚动体上发生局部故障（点蚀、裂纹、剥落、压痕等），则每当故障点经过受力区时，均将产生冲击激励，引起附加的周期性冲击振动和结构固有振动。在故障状态下产生的冲击振动呈现周期性，其频率（周期）取决于故障发生的部位，称为故障通过频率。

（2）转子故障电流特性

发电机故障诊断方法除了基于振动特征分析，还可以基于电气特性分析。由于电流传感器安装方便，定子电流信号属于一次信号获取方式，容易采集，因此利用定子电流特性分析发电机的故障是一种十分有效的方法。

定子电流信号的分析主要采用频域分析法。定子电流在理想情况下只有基频分量，当转子回路出现故障时，会在定子电流频谱图上出现边频带，其幅值是有效的故障特征量之一。

转子断条故障是风电机组双馈异步发电机经常发生的故障。当发生转子断条故障时，转子电流会产生方向相反、大小相等的两个旋转磁场。转子断条故障会在定子电流信号频率中产生一个频率为$(1-2s)f_0$的边频带，进而使定子电流信号幅值出现周期性的变化，并在转子上产生频率为$2s$的力矩扰动ΔT和转速扰动$\Delta\omega_r$。转速扰动可以在对称三相定子绕组中产生三个频率分别为f_0和$(1\pm2s)f_0$的感应电动势。频率$(1-2s)f_0$的电动势分量会产生电流I'_{2s}，与I_{2s}相互作用；频率为$(1+2s)f_0$的电动势分量会产生电流I''_{2s}，并且会产生频率为$3sf_0$的磁场，因为转子电阻不平衡，会形成两个频率为$\pm3sf_0$的旋转磁场，新产生的$-3sf_0$旋转磁场会在定子绕组电流中激发出频率为$(1-4s)f_0$的三相电流分量，进而产生新的转子波动转矩和波动转速。依此类推，定子电流在转子绕组发生故障时增加的频率分量为

$$f_0\rightarrow(1-2s)f_0\rightarrow(1+2s)f_0\rightarrow(1-4s)f_0\rightarrow(1+4s)f_0\rightarrow(1-6s)f_0\cdots$$

式中，$(1-2s)f_0$被称为第一边频带，幅值较大，其余边频带幅值较小。基于电气特性的风电机组发电机故障诊断方法主要监测发电机定子电流信号的第一边频带幅值。

4. 叶片故障诊断

风电机组的叶片通常用玻璃纤维作为增强相、环氧树脂作为基体，通过多层铺叠制造而成，在制造和服役过程中，不可避免地会出现各种类型的损伤，主要包括疲劳、刚性降低、裂缝、表面粗糙程度增加、雷击、覆冰及风叶变形等[74]。

(1) 基于模态数据的诊断方法

风电机组的叶片损伤可能引起结构刚度的降低、本征频率和频响函数等

模态参数的改变。基于模态数据的诊断方法正是利用这一机理进行损伤识别与诊断的。基于模态数据的诊断方法起源较早，是一种简单有效、成本较低的结构损伤识别方法。模态数据的类型包括本征频率、模态振型、曲率、应变能、柔度、阻尼、灵敏度等。基于模态数据类型的不同，诊断方法可细分为基于本征频率、基于模态振型等的损伤识别方法。

(2) 基于静态参数的诊断方法

结构模态数据是结构整体性的体现。应变等静力学参数具有对结构局部状况的刻画能力，对结构局部损伤更敏感。依据结构在有无损伤时的应变、位移等静态参数的不同，可将静态参数用于结构损伤识别，在该类方法中，应用较多的是基于应变参数的损伤识别方法。在基于应变参数的损伤识别方法中，准确获取结构各测量点的应变参数是实现准确损伤识别的重要基础。应变参数测量传感器主要有应变片和光纤光栅（FBG）。其中，应变片成本低、质量小、可牢固黏结，是应变参数测量的传统手段，但在测量点较多时，需要大量连接线依附于被测结构，进而对被测结构的实际状态产生不可忽视的影响，难以实现高精度的测量；光纤光栅是应变参数测量中的新兴手段，基本原理是利用应力变化可引起光纤光栅中栅距及折射率的变化，具有测量精度高、灵敏度高、质量小、容易实现多点测量等优点，但同时需要配套成本较高的光栅解调仪。

(3) 基于振动信号的诊断方法

基于振动信号的诊断方法是利用压电陶瓷传感器捕捉振动信号，主要有四种用于叶片故障诊断的方法[63]：传递函数和动态变形分析方法需借助多普勒激光扫描测振仪和叶片健康状态时的测量数据作为参考，虽然诊断结果较为准确，但难以在实际中应用；响应比较和波动传播分析方法只需压电陶瓷传感器和激振器，借助传感器信号之间的比较判断叶片是否存在异常；波动传播方法只对位于传感器和激振器之间的故障敏感，有一定的局限性；响应比较分析方法算法简单，对历史数据要求低。

(4) 基于机电阻抗的诊断方法

在结构中，损伤会引起结构中压电片（PZT）阻抗的变化，依据该原理可实现损伤识别。基于机电阻抗的方法集信号激励与采集于一体，是一种主动式的结构健康监测方法，具有局部灵敏度高、系统集成简单方便、不需要模型分析等优点，尤其适合平板类结构的在线监测。该方法不需要对结构进行模态分析，而是要建立一个合适的理论模型，将压电片中经计算得到的阻抗信号与被测结构的特定物理参数关联，即建立阻抗信号与待测物理量的映射关系。

在机电阻抗诊断方法中，以获取的阻抗信号来反求被测结构的机械阻抗，进而通过结构中阻抗的变化来识别和定位损伤。由于该方法多采用压电片等激励/传感器来获取阻抗信号，而压电材料易受环境温度的影响，因此需要采取一定的抗温变措施，如采用神经网络等人工智能方法来补偿温度的不利响应，提高鲁棒性和有效性。同时，由于该方法目前尚不能检测距离传感器较远位置的损伤，因此无法在结构中实现大范围的损伤定位，损伤识别精度有限，对微小尺度的损伤难以进行高精度的检测。

(5) 基于导波的诊断方法

导波是弹性波的一种，是由于介质边界的存在而产生的波，包括表面波、Lamb 波和界面波。导波因其对不同类型损伤均敏感、传播距离远、能量衰减少、检测范围广等特点引起了结构健康监测领域研究者的兴趣。基于导波的损伤监测方法是一种主动式的结构健康监测方法，与被动式方法相比，特别适合结构的在线监测。该类方法通常使用 PZT 或宏观纤维复合材料（Macro Fiber Composite，MFC）薄膜片作为激励器与传感器，在结构中激励出导波，采用一发一收或脉冲回波方式进行弹性波响应信号的采集。当被测结构中存在损伤时，导波会与损伤相互作用，产生波的反射或散射效应，改变导波的传播特性及能量分布。这些变化可被预先布置的传感器采集，通过与无损伤时的基准信号对比，就能对结构的健康状况做出评估。此外，该类方法的激励频率往往较高，达到千赫或兆赫级，使波长相对较短，能够识别小尺寸的损伤。

虽然基于导波的方法具有可检测结构表面及内部缺陷、对微小损伤敏感等优点，但也存在一定的缺陷。由于导波传播异常复杂，特别是在叶片等复合材料中，传播过程难以精确快速求解，导致先验有限。因导波的频散和多模态效应，故需结合先进的信号处理方法提取与损伤相关的特征。因尚难以实现无基准下的损伤定位，故需获取结构完好时的导波信号作为基准信号。因此，该方向仍需要进一步研究。

(6) 其他无损检测方法

国外相关人员还利用现代无损检测手段对叶片的健康状态进行识别。例如，声发射检测方法是利用物体内部因应力集中产生断裂、变形时释放的应变波来识别被检部件的异常情况。叶片因长期受空气动力的交变冲击及腐蚀等，会产生裂纹、变形等异常，所以可借助声发射进行检测。另外一种红外成像检测方法是利用物体在不同温度下辐射出来的红外线成像识别异常状况。由于物体表面的健康状态（裂纹、剥落等）会影响热辐射的能量分布，红外成像检测方法可用于叶片表面裂纹的诊断识别。虽然上述先进手段已取得了一定的研究成效，但主要还是处于试验阶段，应用到实际中还需要一定的时间。

7.4.3 海上风电送出系统故障诊断

海上风电场所需要的电力送出系统（海上风电送出系统）包括海上风电场集电系统、海上升压站、电缆等。本节将分别介绍电缆故障诊断技术和变电站故障诊断技术。

1. 电缆故障诊断

(1) 海上风电场电缆种类

根据电力传送目的的不同，电缆可以分为风电场内部的机组排列和电力输出电缆、内部平台电缆和出口电缆。

① 风电场内部的机组排列和电力输出电缆。

风电场内部的机组排列和电力输出电缆将几台风电机组连接至海上电力收集平台，进而实现每台风电机组所产生的电力在被传送至陆上之前的收集和转化。传送过程的操作电压是中等电压值，一般为33kV。

在安装时，电缆终端都将接到风电机组塔架内部的高压开关设备上，以保证电缆部分失效时能被隔绝，进而保证风电机组其他部分正常运转。此类电缆用于连接风电场的各风电机组时，长度相对较短，约短于1.5km；用于连接海上变电站时，长度相对较长，约为3km。电缆的线芯通常都是三线芯的铜导体，外面裹有钢丝和导体/绝缘体防护部件。

② 风电场内部平台电缆。

风电场内部平台电缆用于海上电力收集平台和转换平台之间、各海上电力收集平台之间的电力传送。海陆距离的增加导致传送损耗升高。为了降低电力传送损耗，有的风电场利用高压直流输电系统向陆上传送电力。海上电力收集平台上的升压器将电压增高后，通过高压交流内部平台电缆传送到转换平台转换成高压直流电。

除了绝缘层的厚度和电缆外径不同，风电场内部平台电缆和风电场内部机组排列与电力输出电缆的本质相同，外径会根据电缆传送电压的不同有所不同，最大厚度能达到300mm。

③ 出口电缆。

出口电缆用于连接海上电力收集平台或转换平台与陆上设备的连接，实现以最小损耗传送电力。根据离岸距离、风电场总发电量和运算成本，出口电缆可采用单芯高压直流电缆或三（单）芯高压交流电缆。如果要进行长距离的电力传送，则高压直流电缆在减少电力损耗方面将拥有非常大的优势。采用高压直流电缆传送时，要求海上（交流/直流）和陆上（直流/交流）都要有电力转换平台，建立一个转换平台的费用较高。

每个电力收集平台或转换平台都配有两根出口电缆。这两根电缆均具有较高的对地电压。每根电缆和与其相连接的光纤电缆或监测传感器捆绑在一起组成一个单元，在接近陆地之前埋在同一个海底沟槽中。

（2）电缆故障类型

海底电缆故障按照性质主要分为电气故障和机械故障。电气故障的产生原因有绝缘材料老化、过负荷等。机械故障的产生原因主要是船舶抛锚等人为因素以及地壳变动等自然因素。

① 电气故障。

海底电缆电气故障分为漏电故障和短路故障。漏电故障是最常见的故障类型。短路故障是指供电导体之间或供电导体与海底之间发生短路，致使导体瞬间产生热量烧毁绝缘层，系统停止工作。漏电故障是指在绝缘体被破坏但供电导体和光纤并未受损的情况下，导体中的电流与海水形成回路，导致海底电缆连接的两端电位发生变化，但系统仍继续运行。

② 机械故障。

机械故障引发的主要原因是船舶抛锚，主要分为两种情况：一是抛锚时，船锚直接砸到电缆造成电缆变形甚至断裂；二是起锚时，船锚勾挂电缆，造成电缆弯曲甚至断裂。据统计，绝大部分海缆故障均是由船锚引起的机械故障。IEEE 海底电力电缆系统的规划、设计、安装和维修指南把船锚破坏列为海底电缆人为灾害之首。

（3）主要故障诊断技术

光纤复合海底电缆 A、B、C 三相分开敷设，每一相有两个单元。每个单元包含多根光纤电缆。在电力传送过程中，部分光纤处于备用状态，通过布里渊光时域反射技术，利用光纤自发布里渊散射效应对温度及应变的敏感特性实现海底电缆运行状态的测量。根据检测方法的不同，布里渊传感系统可以分为直接检测和外差检测。由于外差检测具有良好的光谱滤波性能，因此更适合用于电缆的故障诊断。

当海底电缆发生电气故障时，故障点周围的传感光纤温度会大幅上升，可以采用温度信号监测海底电缆是否发生电气故障；当电缆发生机械故障时，电缆形状发生变化，故障点两端电缆的应变发生变化，可以采用应变信号监测海底电缆是否发生机械故障。

由于电缆工作环境复杂，在所测量的信号中包含大量的干扰信号，因此需要采用小波分析等处理非平稳信号的方法来提取故障特征，再根据神经网络建立故障诊断模型，实现电缆故障的分辨与定位。

2. 变电站故障诊断

变电站故障诊断的目的是识别引起保护动作事件和断路器跳闸事件的故障源，如母线故障、变压器故障、馈线故障等。前面介绍的故障诊断技术基本上按照采集监测信号-提取故障特征-建立诊断模型的流程。变电站故障诊断直接根据保护开关的信息判定故障位置，不再需要采集信号，较为常用的诊断方法有神经网络、专家系统、模糊理论、粗糙集理论等。接下来介绍一种基于粗糙集理论和神经网络模型的变电站故障诊断技术，如图 7-7 所示。

由于不同变电站的结构不同，因此需要先判定故障区域，进而再判定故障部件，将确定的故障区域决策表和故障部件决策表分别训练一个神经网络，训练好的神经网络即可用于故障诊断，具体流程如下：

- 采用粗糙集理论处理获取的开关保护信息，删除冗余属性，约简信息，形成故障区域决策表；

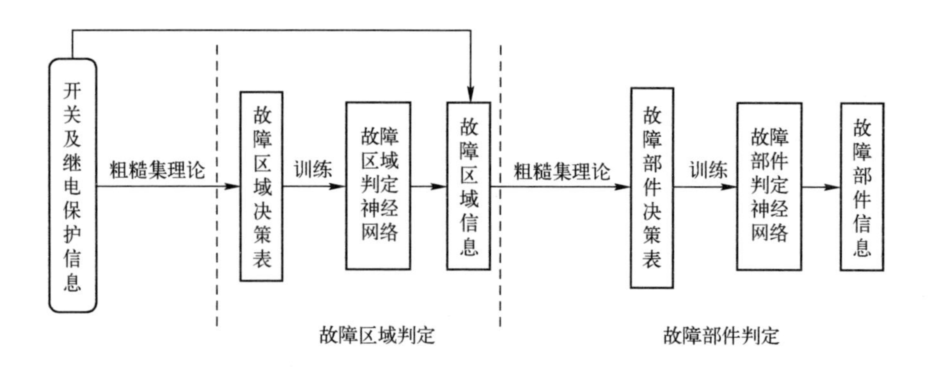

图 7-7　基于粗糙集理论和神经网络模型的变电站故障诊断技术

- 将故障区域决策表中的条件属性作为第一级神经网络的输入，决策属性作为输出训练模型，得到判定故障区域的神经网络模型并得到相应的故障区域信息；
- 将故障区域信息和开关保护信息作为新的信息集合，同样采用粗糙集理论进行处理，形成故障部件决策表；
- 将故障部件决策表的条件属性作为第二级神经网络的输入，决策属性作为输出训练模型，得到判定故障部件的神经网络模型，这两层神经网络可以用于变电站的故障诊断。

7.5　海上风电运维技术前沿

7.5.1　智能诊断技术

故障诊断是一门起源于20世纪60年代的一项技术，突出特点是理论研究与工程实际应用紧密结合。该技术经过半个世纪的发展逐渐成熟，在信号获取与传感技术、故障机理与征兆联系、信号处理与诊断方法、决策与诊断系统等方面形成较完善的理论体系，涌现了大量成果，已经在海上风电机组故障诊断领域取得了大量卓有成效的工程应用。随着人工智能技术，特别是深度学习技术的广泛应用，结合人工智能技术和新兴传感技术的智能诊断技术，成为海上风电机组故障诊断技术未来发展的一个重要方向，也是一个需要深入研究的方向。

智能诊断技术是模拟人类思维的推理过程，通过有效地获取、传递和处理诊断信息，能够模拟人类专家，以灵活的诊断策略对监测对象的运行状态和故障做出智能判断和决策。智能故障诊断具有学习功能和自动获取诊断信息对故障进行实时诊断的能力。目前的智能诊断技术通常可分为基于专家系统的诊断技术、基于深度神经网络的诊断技术以及基于模糊理论的诊断技术。

目前，随着人工智能和深度学习等领域的快速发展，涌现出了许多新的智能诊断方法，如根据专家经验和故障机理，手动构造故障特征，采用支持向量机、决策树等对样本需求不大的学习方法来实现智能故障诊断。除此以外，也有利用元学习或小样本学习等迁移学习技术解决训练样本较少这一难题的迁移诊断方法。迁移诊断的核心是迁移学习，是机器学习的一种新的学习范式，旨在解决目标域中只有少量甚至没有标记样本的机器学习任务。它利用辅助数据和学习模型来解决数据集较小的难题。迁移诊断本质上是利用两个领域之间的相似性，把一个领域的知识和经验应用在新的领域，核心问题之一就是找到一个与目标领域相似的领域。在应用迁移诊断方法解决海上风电机组的故障诊断问题时，构造与海上风电机组相似的故障样本辅助数据至关重要。

随着海上风电机组的大型化、复杂化、自动化和智能化，迫切需求融合智能传感网络、智能诊断算法和智能决策的智能诊断技术、专家会诊平台和远程诊断技术等。不同类型的智能诊断方法针对某一特定的、相对简单的对象进行故障诊断时有各自的优点和不足，例如专家系统诊断技术存在知识获取瓶颈，缺乏有效的诊断知识表达方式，推理效率低；基于深度神经网络的诊断技术需要大量的训练样本，由于资源限制、各方利益、政策法规及发电商和齿轮箱制造商的隐私等因素，增加了获取训练样本的难度；模糊故障诊断技术往往需要由先验知识人工确定隶属函数及模糊关系矩阵，但实际上获得与设备实际情况相符的隶属函数及模糊关系矩阵存在许多困难[75]。

目前，现有智能诊断方法的诊断能力还比较薄弱，虽然所采用的深度学习的诊断方法很多，但大部分智能方法都需要满足一定的假设条件和设置一定的参数，因此研究中通过仿真验证故障诊断算法较多。智能诊断方法往往给人留下黑匣子和因人而异的印象，推广性得不到很好的验证。要想真正实现智能诊断，只靠几种方法是很难满足要求的，应用也会有一定局限。如果将几种性能互补的智能技术适当组合、取长补短、优势互补，则解决问题的能力将会大大提高。因此，需要重点研究影响现有人工智能诊断方法推广使用的关键环节，建立在故障机理等底层基础研究的人工智能方法，形成知识丰富、推理正确、判断准确、预示合理、结论可靠的设备智能诊断与预警的实用技术。

7.5.2 数字孪生技术

数字孪生提供物理实体的实时虚拟化映射，设备传感器将温度、振动、碰撞、载荷等数据实时输入数字孪生模型，并将设备使用环境数据输入模型，使数字孪生的环境模型与实际设备工作环境的变化保持一致，通过数字孪生技术，在设备出现状况前提早进行预测，以便在预定停机时间内更换磨损、早期故障部件，避免意外停机。近年来，数字孪生得到越来越广泛的传播。同时，得益于物联网、大数据、云计算、人工智能等新一代信息技术的发展，应用数字孪生技术，实现齿轮箱、发电机等复杂风电设备的故障诊断成为可能。

孪生的概念起源于美国国家航空航天局的阿波罗计划，当时的孪生体是两个真实存在的物理航天器。2003 年前后，关于数字孪生（Digital Twin）的设想首次出现于 Grieves 教授在美国密歇根大学的产品全生命周期管理课程上。当时 Digital Twin 一词还没有被正式提出。直到2010 年，Digital Twin 一词在 NASA 的技术报告中被正式提出。2011 年，美国空军探索了数字孪生在飞行器健康管理中的应用，详细探讨了实施数字孪生的技术挑战。2012 年，美国国家航空航天局与美国空军联合发表了关于数字孪生的论文，指出数字孪生是驱动未来飞行器发展的关键技术之一。在接下来的几年中，越来越多的研究将数字孪生应用于航天领域外的其他领域。

根据标准化组织的定义，数字孪生是指具有数据连接的特定物理实体或过程的数字化表达。该数据连接可以保证物理状态和虚拟状态之间的同速率收敛，并提供物理实体或流程过程的整个生命周期的集成视图，有助于优化整体性能[76]。数字孪生技术具有互操作性、可扩展性、实时性、保真性、闭环性等特点。与仿真相比，除了借助数值计算和求解技术，数字孪生还需要依靠包括仿真、实测、数据分析在内的手段，对物理实体的状态进行感知、诊断和预测。与信息物理系统（CPS）相比，数字孪生侧重于模型的构建技术，CPS 侧重于系统实现。

数字孪生主要技术包括信息建模、信息同步、信息强化、信息分析、智能决策、信息访问界面、信息安全等。尽管目前已取得了很多成就，但仍在快速演进当中。模拟、新数据源、互操作性、可视化、仪器、平台等多个方面共同推动实现了数字孪生技术及相关系统的快速发展。随着新一代信息技术、先进制造技术、新材料技术等系列新兴技术的共同发展，上述要素还将持续得到优化，数字孪生技术的发展将会一边探索和尝试、一边优化和完善。

数字孪生是实现物理风电场向数字风电场映射的多领域多学科交叉融合

技术，是智能风电技术的集大成者。数字孪生技术尚处于发展初期，现阶段宜采用其赋能高价值风电设备的健康管理，实现风电设备运行状态实时在线测量服务，物理设备、控制系统和信息系统的互联互通服务。

随着数字孪生技术的不断进步和发展，可建设覆盖多学科、多物理量、多尺度、多部件和多模型的数字孪生风电场模型，提升风电场的设计、运行、维护、检修和管理等各个环节的效率，极大扩展智能风电数据与数字孪生风电场模型的交互过程，超越物理实体对智能风电技术发展的限制，全面驱动风电生产、运维和管理模式的深远变革。

目前，数字孪生技术应用在风电场运行、维护和管理环节大规模场景的还比较有限，涉及的业务也有待继续拓展，仍然面临企业内、行业内数据采集能力参差不齐，底层关键数据无法得到有效感知等问题。此外，对于已采集的数据闲置度高，缺乏数据关联和挖掘相关的深度集成应用，难以发挥数据潜藏价值。从长远来看，要释放数字孪生技术的全部潜力，有赖于从风电场底层向上层数据的有效贯通，并需要整合整个智能风电生态系统中的所有系统与数据。

第8章 海上风电与海域综合利用

8.1 引言

由于海域资源的稀缺性，近年来，我国提出集约用海的理念，因此应该考虑海上风电与海域综合利用问题。海上风电与海水淡化、氢能、海洋牧场等多种能源综合利用，可以提升海域的利用效率和项目收益，是未来海上风电发展的一个重要趋势[77-82]。

结合海上风电基地，打造风能、氢能、海水淡化、储能及海洋牧场等多种能源或资源集成的海上“能源岛”重大示范工程，为沿海城市提供高质量、低成本、无污染的电、氢、淡水资源的同时，利用储能和海上风电实现多能互补，为海上风电提供更多增收渠道，实现风电的跨领域应用，共同推进绿色发展和成本的下降。

8.2 海上风电与海水淡化

我国严重缺乏淡水资源且淡水资源时空分布不均。考虑到人口增长、工业化和城市化程度不断提高，我国对淡水的需求更加迫切。海水淡化是解决人类淡水资源短缺问题的重要途径，是对淡水资源的重要补充和战略储备。

目前，我国海水淡化工程主要分布在沿海重度缺水地区，如天津、舟山、青岛、大连等沿海城市。根据《全国海水利用“十三五”规划》目标，到2020年，全国海水淡化总规模达到20万吨/天，沿海地区新增海水淡化规模105万吨/天以上，海岛地区新增海水淡化规模14万吨/天以上。预计到2023年，海水淡化产水规模将达到285万吨/天，海水淡化产业发展将再上新台阶。

近年来，随着全球对海水淡化技术的重视，海水淡化技术呈现飞速发展的趋势，太阳能、风能、核能等可持续利用的清洁能源因具有储量大、环境友好、可持续利用的特点而得以重视，将新能源应用于海水淡化成为全球发展的趋势。这也是确保我国能源、资源安全和可持续发展的必然要求。

8.2.1 海水淡化技术

海水淡化是通过脱除海水中的大部分盐类，使经过处理后的海水达到生活和生产用水标准的工艺过程，简而言之，就是从海水中取得淡水的过程。目前，全球海水淡化主流技术可以分为两类：第一类是热能驱动技术，以消耗热能为主的蒸馏方式将淡水分离出来，主要包括低温多效蒸馏工艺（MED）、多级闪蒸工艺（MSF）和蒸汽压缩蒸馏工艺（VC）等，具有系统稳定、可靠、产水水质高等优点，缺点是能耗较高；第二类是膜技术，消耗能源以电力为主，包括反渗透工艺（RO）和电渗析工艺（ED），具有一次性投资省、能耗较低、操作弹性大的优点，缺点主要是维护量比较大[77]。

热能驱动技术和膜技术都是已经大规模工程应用的成熟技术。从利用场景来讲，在中东地区已成规模运行的海水淡化厂主要采用MSF和MED技术，位于大洋洲的澳大利亚，其海水淡化厂多采用RO技术[82]。

海水淡化技术的主要特点是能耗高，常规的地表水处理能耗约为0.06kW·h/t，而海水淡化平均能耗约为8.4kW·h/t，是常规水处理的140

多倍，能耗成本占总成本的 40%左右[81]。

海水淡化技术能耗见表 8-1。以热能驱动技术为主导的脱盐工艺平均能耗约为 20.5kW·h/t；以膜技术为主导的脱盐工艺在生产同量淡水时的平均能耗相对较低，约为 3kW·h/t，从能耗情况来看，具有较好的经济效益；反渗透作为最节能的脱盐技术，淡化水量占目前淡化总量的 60%以上，装置能耗为 1.5~5kW·h/t，能耗占产水总成本的 39%~50%。

表 8-1　海水淡化技术能耗

项　目	多级闪蒸工艺（MSF）	低温多效蒸馏工艺（MED）	热蒸汽压缩工艺（TVC）	机械蒸汽压缩工艺（MVC）	反渗透工艺（RO）	电渗析工艺（ED）
规模/(万吨/天)	5~7	0.5~1.5	1~3	0.01~0.25	9.8~12.8	2~14.5
能耗/(kW·h/t)	4~6	1.5~2.5	1.6~1.8	7~12	1.5~5.5	0.7~5.5
热能耗/(kW·h/t)	15.83~21.5	12~19	14	0	0	0
总能耗/(kW·h/t)	19.83~27.5	13.5~21.35	16~18	7~12	1.5~5.5	0.7~2.5 2.64~5.5

综上，海水淡化的能耗直接决定了成本的高低，较高的能耗增加了生产淡水的总成本，降低了通过海水淡化实现节能减排的效果。

8.2.2　海上风电与海水淡化协同发展

（1）协同发展优势

发展可再生能源海水淡化，是破解淡水资源短缺、化石能源枯竭和生态环境恶化困局的优选之路。综合我国风资源分布和淡水资源短缺状况可以看出，开展海上风电-海水淡化综合开发在我国东南沿海地区具有较好的匹配性，能够形成资源优势互补，因地制宜地利用沿海地区丰富的风能和海水资源，在提高可再生能源利用率的同时，为缓解邻近地区的淡水紧缺问题提供有效途径。

相较于化石燃料能源，海上风电可减少因海水淡化而引起的碳排放，同时也解决了弃风问题。陆上风电对土地资源消耗较大，对水土保持和植被也具有一定影响。相较于陆上风电，海上风电突显出地理和环境优势，便于与海水淡化系统耦合。对于非并网海上风电，在解决岛上居民用电的同时，也可以为海水淡化系统提供能耗支持[80]。

（2）协同发展模式

目前，风能可以通过四种能源介质直接或间接地为海水淡化系统提供动力：电能、热能、重力势能和动能。

- 电能。这是海上风电与海水淡化系统耦合过程最常使用的能源形式，通过海上风电将风能转化为电能，驱动海水淡化系统。对于并网型海上风电，当风电出力不足时，优先保证海水淡化的最小生产需求；当风电出力富余时，可以尽可能多地消纳余量风电。对于离网型海上风电，就要考虑风电的间歇性，当风速超过或无法达到要求时，需要将备用设施（如蓄电池、抽水蓄能、飞轮系统）集成到系统中以存储或释放能量。这种方式主要针对淡水资源匮乏的海岛，用于解决常规能源供应不便等问题。
- 热能。将风能直接转化为摩擦热能来加热蒸馏器，结构简单。
- 重力势能。为了减少由风能转换引起的能量损失，重力势能也被用作风能和海水淡化过程之间的媒介，例如通过风电机组将风能转换成一定高度水库储存的重力势能。
- 动能。在夏威夷瓦胡岛北部海岸外的椰子岛上，建立了微咸水淡化风力反渗透装置，该系统由风电机组的轴功率通过高压泵直接驱动。

（3）协同发展案例

当前，国内已有多个海上风电与海水淡化系统融合的示范项目：青岛深远海 2GW 海上风电融合示范风电场项目中的海上风电+海水淡化融合试验与示范应用基地；惠州市探索集风能、太阳能、波浪能等发电为一体的海岛独立电力系统应用研究，推进海水淡化系统和技术产业化应用，在海水资源丰富、电力资源充裕的地区设立海水淡化研发基地，探索“水电联产”的新型模式；盐城立足资源高效利用，建立“风电水”应用模式，建成全国首条非并网风电海水淡化生产线，其中独立运行智能微网风电淡化海水成套技术为世界首创，输进去的是海水，流出来的是达到瓶装纯净水标准的淡水[78]。2021 年初，我国首个核电综合智慧能源项目开工建设。该项目是国家电投构建的能源业态未来新模式，将核能、光能、风能、储能等多种能源集中采集、集中监控，实现多能源互补。其中，海上风电项目将打造集海上风电+海水制氢+海上牧场+海上观光于一体的海洋资源立体化开发示范项目。

（4）协同发展挑战

利用风能进行海水淡化是海上风电的跨领域应用，还存在一些问题：首先，风能具有间歇性和不稳定性，如何使传统的海水淡化技术适应风能，是发展海上风电海水淡化项目的关键；其次，海上风电的电价也是制约其跨领域应用到海水淡化的主要因素，在满足风电开发商收益率要求的情况下，平价上网还很难实现[79]。

8.3 海上风电制氢

8.3.1 优势与挑战

氢能是一种新型能源，具有燃烧热值高、资源丰富、燃烧产物无污染等优点，享有“二十一世纪的终极能源”的美誉。当下，全球氢能驶入发展快车道，许多国家高度重视氢能发展，纷纷出台氢能发展战略或行业发展指导意见。

世界能源理事会将氢气按照生产来源分为灰氢、蓝氢和绿氢等三类[83]。其中，灰氢是通过化石燃料制氢；蓝氢是指通过蒸汽甲烷重整技术或煤气化加上碳捕捉和储存技术进行制氢；绿氢是使用可再生能源进行电解水制氢，可真正实现二氧化碳零排放，对环境友好，社会接受度最高。发展绿氢也是践行碳达峰和碳中和愿景的首选之路。

2021年2月，由彭博新能源财经（Bloomberg NEF）发布的最新报告显示，目前已公布的电解制氢项目按电源类型主要分为三种：太阳能制氢、陆上风电制氢和海上风电制氢，其他类型还包括电网电力、核电、水电制氢等。

随着我国宣布碳中和目标，如何解决大规模新能源电力并网及消纳问题，成为当前的迫切需求。随着制氢技术和储氢技术的发展，以风电、光伏发电制氢为代表的新能源制氢技术逐步成熟，基本具备产业化的条件。然而，我国的风电制氢和太阳能制氢均面临一些挑战。

（1）太阳能制氢

对于我国太阳能制氢而言，主要存在两个重要限制：

- 我国太阳能丰富的地区通常水资源匮乏，制氢用水量不足。

从纯化学计量的角度来看，制备1kg绿氢需要用掉9L水，在实际生产过程是达不到理想效率的，考虑到水的脱盐过程及额外的水消耗，生产1kg绿氢的平均用水量将达到18~24kg。

太阳能制氢的耗水量比风能更高，当电解槽与光伏耦合时，光伏制氢的耗水量可达到22~126L（取决于太阳辐射、寿命和硅的含量）。这进一步限制了太阳能制氢的可行性和经济性[84]。

- 运输距离远。

太阳能资源最丰富的西部地区离沿海的经济中心距离较远，对绿氢来说，意味着更高的运输成本，不论管道还是铁路运输，都意味着需要大额的运氢基建投资。

(2) 陆上风电制氢

我国陆上风电制氢具有一定的成本优势。但从长期来看，陆上风电制氢的成长空间将较为有限。这是因为绿氢制备往往需要 1.3~1.8 倍的新能源发电资源，即 1GW 的绿氢工厂需要配备一个 1.3~1.8GW 的新能源发电站。这样的资源需求对陆上风资源的空间要求比较大，在陆上风电项目开发逐渐放缓的情况下，会成为未来越来越大的挑战。

(3) 海上风电制氢

海上风电制氢为实现海洋资源多途径就近高效利用提供了契机。海上风电制氢具有三大优势：

- 海上风资源丰富，风电容量系数较陆上高，制氢效率相对于太阳能和陆上风电要高；
- 海上风电的空间资源广阔，尤其在考虑未来深远海漂浮式风电时，未来将有非常大的发展空间；
- 海上风电资源和我国的主要经济中心距离近，海上风电制氢运输成本较低。

电力成本是绿氢制备成本的主要组成部分。由于我国海上风电起步较晚，成本相比太阳能和陆上风电要高，一般认为，按照当前市场氢气价格每千克 70 元计算，电解水制氢的电费需要控制在每度 0.3 元以内，才能实现制氢的经济性。目前，海上风电指导价高达每度 0.75 元。在目前的电力政策下，风电制氢对比煤制氢等化石燃料电池制氢方式缺乏经济性[85,86]。

综合来看，随着海上风电成本逐步下降、海上风电平价上网逐步实现及绿色氢能需求的逐步扩大，海上风电制氢将拥有更为广阔的市场前景。

8.3.2 海上风电-氢能综合能源系统

海上风电制氢，即将海上风力发出的电通过水电解制氢设备将电能转化为氢气并输送至用氢地，具体过程表现为：风力发电→电解水制氢→氢储运→应用到多种行业，如运输业、工业热加工处理、化工行业等[87]。

广东省电力设计研究院提出含海上制氢站和岸上加氢站的海上风电制氢技术路线及系统组成。

海上风电-氢能综合能源系统包括海水淡化装置、水电解制氢装置、压缩储氢装置、风电机组监控系统及配套的电气接入装置等。制氢系统集成布置在海上升压站，储氢和加氢部分布置在陆上集控中心。图 8-1 为海上风电-氢能综合能源系统示意图。

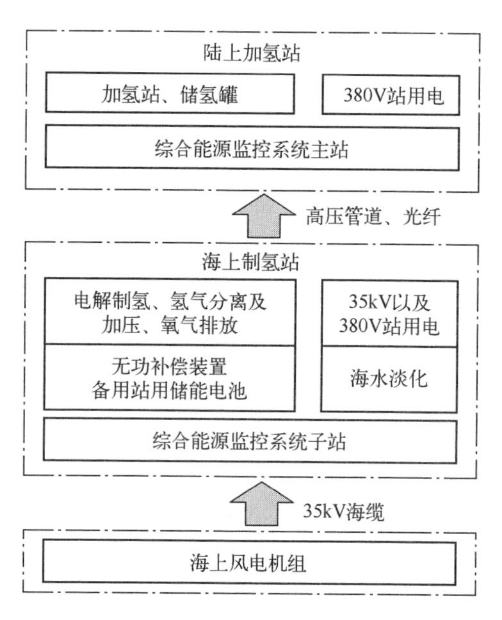

图 8-1 海上风电—氢能综合能源系统示意图

陆上加氢站：包括高压氢气储存单元及氢气减压分配盘。高压储氢系统是将碱性电解槽制氢系统经压缩加压后的氢气，储存在高压储氢瓶组中，氢气储存罐安装在室外。减压分配盘是为了使用户从氢气储存罐中获得减压后的氢气，并配有安全阀。

海上制氢站：通过接收风电机组产生的电能，在电解槽中产生氢气，并通过分离、干燥、提纯等步骤产出高纯氢气。高纯氢气通过加压经管道，送至陆上加氢站。水电解制氢系统包括水电解槽、海水淡化、氢气纯化装置和氢气压缩机等，产生的氧气直接排出。

海上风电机组：可接受陆上综合能源监控系统的命令，根据事先约定的控制策略，自动调整和控制风电场风电机组的能量输出能力，从而最终实现风电场的有功、无功控制。

综合能源监控系统子站：需要保证风电机组的安全运行和制氢效益的最大化，主要由自动发电控制子系统和自动电压控制子系统组成来实现对整个风电场的调度及控制。

此方案的制氢环节是在海上。目前在已有试点项目中，大部分是在陆上电解槽制氢。每种方案的设计均有利弊。

8.3.3　海上风电制氢模式探讨

随着全球海上风电的迅猛发展，滞后的电网建设速度无法满足迅速扩张的海上风电电力外送需求成为欧洲各国海上风电迅猛发展的窘境。我国海上风电面临海上风电平价上网、抢装潮、技术创新、统筹规划等问题。大规模海上风电投产后，如何解决海上风电的并网及消纳问题，成为国内外都必须解决的问题。在这样的背景下，利用海上风电制备氢气，并通过各类储运技术送到氢能源市场，开发跨越电力输送的渠道，为海上风电发展提供了可行的思路。针对不同的应用场景，海上风电制氢模式不同，下面将通过近年来全球已有的海上风电制氢项目和未来可能发展建设的项目，从项目设计和运营模式两个视角对海上风电制氢模式进行探讨。

从项目设计角度，海上风电制氢大体可归纳为以下两种模式[88]。

（1）陆上制氢

目前最常见的项目设计是将海上风电机组所发出的电力通过海缆输送到陆上，再由陆上电解槽制氢，优势在于技术风险较小，氢气输运规模也较小，按照陆上电解槽获取电力的来源不同，可以分为三种方案：

- 高压并网，将海上风电通过电网传输到高压电网，再由电网输送电力，为电解槽供电。
- 海上风电场与电网同时给电解槽供电，电解槽既可以从海上风电场的专用电缆上获取电力，也可以通过电网获取电力。电解槽建设在陆上。该方案既有利于降低对输电网的影响，又可以从输电和配电两个方面降低电网费用和电价。
- 电解槽与海上风电场直接耦合。电解槽由海上风电场负责建造，并与风电场直接耦合，海上风电的电力直接输送到陆上电解槽。该方案的优势在于电解槽能够直接以成本价格获得电力，但需要得到政策支持，也不能完全解决输送电网建设的问题。

（2）海上制氢

目前常见的设计方案有两种：海上部署电解槽和通过管道运氢，具体如下：

- 电解槽与海上风电场直接耦合，与陆上制氢的方案三类似，区别在于电解槽建设在海上平台。
- 离岸电解制氢，电解槽建在海上风电机组内部或平台上，用成本较低的输电方式替代海上电缆，以风电场发电成本价获得电力。该方式需要解决氢气制备后从海上运输至陆上的问题。目前已有项目计划借助海上油气管道运输氢气。随着海上风电场离岸越来越远，输电成本也越来越高。借助现成的油气管网输送，省去外送电缆的投资，成为未来继续大幅降低海上风电成本的最有潜力的选项。

目前有两种主流方案：

第一，建造专门的海上平台，汇集风电机组电力，并在平台上安装电解设备制氢，再通过管道外送。

第二，扩大常规的风电机组平台，在风电机组平台上配备制氢设备，直接通过管道外送，完全舍弃电缆输电的环节，是目前海上风电制氢的重点探讨方向：一方面可以有效缓解海上风电大规模投产后对陆上电网的冲击；另一方面可实现能源转型。在此有必要指出的是，我国已具有较高的电网建设水平和丰富的建设经验，拥有发达的电网，对离网电解的需求有限，对于电网政策松绑也有更明确的需求。

从运营模式角度，海上风电制氢大体可归纳为以下两种模式：

- 余电制氢。风电配置氢储能可平滑风电出力、提升消纳能力。大多数已规划项目计划同时供电和制氢。由于绿氢市场尚处于起步阶段，因此该类项目没有成熟的商业模式，仍处于试点阶段。
- 主要制氢。通过在海上电解海水得到氢气，再利用现有的、容量充足的油气管道输送至陆上，不仅不需要敷设长距离的海缆，未来还可以和油气开发商分摊管线维护费用。在风资源和油气资源丰富的海域推广海上风电制氢，可以推动能源转型。海上风电项目不需要新建海上输电系统，不受电网公司的牵制。风电场就近在油气平台或油气管道附近建设，降低输电损耗的同时，也能降低项目投资成本。用来制氢的原料海水取之不尽，用之不竭。虽然该模式有很多优势，但对其发展有待进一步研究，例如海上制氢储氢技术、对环境影响问题及与燃气平台安全共处等问题，此外商业模式如何开展也有待进一步研究。

8.3.4 全球海上风电制氢项目及发展方向

随着全球海上风电的迅猛发展，国内外海上风电制氢项目建设步伐也随之跟进，主要的海上风电建设国家都在积极探索海上风电制氢的创新模式[89,90]。2018年10月，国家发展改革委、能源局印发《清洁能源消纳计划(2018-2020年)》，提出“探索可再生能源富余电力转化为热能、冷能、氢能，实现可再生能源多途径就近高效利用”，为我国海上风电制氢事业的发展提供了可行的思路。目前，国内已有少数海上风电制氢的示范项目，但未进入规模化应用阶段。

2009年，国网上海市电力公司牵头启动了“风光电结合海水制氢技术前期研究”项目，对风电、光伏发电制氢提出了多种应用方案，并以东海风场为例，开展了风、光制氢的效益评价，为后续的海上风电制氢技术研究奠定了基础。

2020年6月，作为首个国家级深远海融合示范风电场项目，青岛深远海2GW海上风电融合示范风场项目取得新进展，风电部分直接投资300亿元以上，可拉动风电场与海洋牧场一体化融合产业、风电制氢、风能海水淡化和装备制造等相关产业合计投资500亿元以上。项目预期对海上风电+海洋牧场融合、漂浮式风电机组基础、远距离海上送电、余电制氢和海水淡化等进行试验示范，开展新型风电首台（套）装备试验研究，推进创新型浮体式海上风电机组在深、远海海域的示范应用，全面开展海上风电+海洋牧场融合应用和新型技术装备等应用，推动海上风电+波浪发电、海上风电+制氢储氢、海上风电+海水淡化、海上风电+海洋化工、海上风电+海洋科学研究等多样化融合试验与示范应用，打造世界一流的“海上风电+”融合项目的示范基地。

2020年10月，国家能源集团与法国电力集团（EDF）合资建设的国华投资江苏东台0.5GW海上风电项目落地揭牌暨深化中法合作仪式在南京举行，标志着我国首个中外合资海上风电项目正式落地，也表明我国海上风电市场正式向外资打开大门。

2020年11月，钦州市政府与中国华能集团公司、西门子能源有限公司在南宁签署华能西门子广西北部湾海上风电产业大基地化开发项目合作框架协议。该项目包括北部湾风电总装基地、部分海上风电资源开发及延伸产业项目等三部分，总投资约为1100亿元，设计年产值约为300亿元。三方合作将共同推动项目建设，在氢能源开发等方面进一步加强合作，结出更多丰硕的合作成果。

2020年11月，同济大学中标中海油海上制氢工艺技术研究项目，旨在研究设计和优化海上风电制氢的工艺流程，提出技术和经济可行性的边界条件。该项目主要内容为：海上电解水制氢工艺方案选型及技术研究；海上风电与制氢设备匹配性研究；海上储氢、输氢技术等研究。

随着国内海上风电的进一步发展和风电制氢项目经验的积累，海上风电制氢项目也将迎来一个发展高潮。

欧洲目前也正在大力发展海上风电制氢。2020年初，欧盟发布了氢能战略，明确大力发展绿氢是实现碳中和的核心重要举措。一方面，欧洲北海拥有全球最好的海上风资源，海上风电开发离岸越来越远、水深越来越深、规模越来越大；另一方面，经过60多年的海上油气开发，北海海底天然气管网密布，可充分利用海底天然气管网运输氢气，因此海上风电将是欧洲未来绿氢的最重要来源。目前，国外海上风电制氢市场的主流仍是试点项目，未进入规模化商业应用阶段。

英国作为海上风电的领头羊，拟建设全球最大的海上风电制氢项目。Ørsted的1.4GW Hornsea II海上风电场将与Gigastack项目连接生产绿色氢气。

该风电场计划于2022年建成投产，将取代1.2GW Hornsea I，成为世界上最大的海上风电场。另一个绿氢项目Dolphyn计划在北海开发一个4GW的浮式风电场，采用10MW机型，在每台风电机组上都安装一个制氢子单元，通过管道外送氢气。根据计划，样机工程的最终投资决策将在2021年底前完成，并在2023年投运，2026年前实现在10MW机型上制氢。

德国拥有全球第二大海上风电发电装机容量，紧追排名第一的英国。海上风电迅猛发展的背后带来的是海上风电快速增长和电网建设速度较慢之间的矛盾。德国将在2038年前逐步淘汰核电、燃煤发电，并致力于发展可再生能源。在德国的《国家氢能战略》中，海上风电制氢成为绿氢的重点发展方向之一。2019年，炼油商Raffinerie Heide与Thyssenkrupp、EDF（德国）、Open Grid Europe（OGE）、Ørsted等合作伙伴在德国北部的石勒苏益格-荷尔斯泰因州启动Westküste 100项目。该项目的绿氢将由附近海上风电场产生的多余电力来生产，目标是在工业规模上规划并实现区域性氢商业化应用。Engie旗下的两家公司Tractebel Engineering和Tractebel Overdick将在德国建设一座400MW的海上风电制氢站。2021年1月，西门子歌美飒和西门子能源宣布合作把各自在风电制氢领域的开发成果集成到一个创新解决方案中。该方案将电解槽系统无缝集成至风电机组，最终实现将电解槽列阵集成在海上风电机组塔架底部制氢，以单机协同系统直接产生绿氢，为海上绿色制氢开辟新思路。双方计划于2025年或2026年全面示范该海上风电制氢系统。

荷兰为实现2030年国家环保指标，计划逐步淘汰燃煤电，并将在2022年前停止国内天然气生产。荷兰政府长期计划是主要使用绿氢，并将利用海上风力发电制氢作为未来能源供应的关键方向之一。基于Q13a平台的PosHYdon项目是世界上第一个海上风电制氢项目，由荷兰多家企业、机构共同承担，以促进减排事业，在北海建立新的能源模式。项目旨在研究海上风电制氢创新技术，并在荷兰推广应用。Nepture Energy的Q13a平台是荷兰北海首座完全电气化的油气平台，在 PosHYdon 项目中将被改造为制氢平台。集装箱式的制氢设备体积很小，绝大多数海上平台都可以容纳，通过结合氢气、天然气、风电三个行业，实现能源转型。2020 年 2 月 27 日，荷兰壳牌宣布启动欧洲最大的海上风电制氢项目（NortH2）。NortH2 项目计划在荷兰 Eemshaven 建设大型制氢厂，将海上风电转化为绿氢，同时在荷兰和西北欧建立一个智能运输网络，通过 Gasunie 的天然气基础设施将绿氢用于工业及消费市场。

2020 年上半年，法国能源巨头道达尔发起了一个研究项目，项目名为 O/G Decarb 创新工程。除道达尔外，参与的公司或机构包括丹麦海洋能源公司 Floating Power Plant A/S、丹麦碳氢研究与技术中心、全球最大的风能公共研究中心丹麦 DTU Wind Energy、氢能研究机构 Hydrogen Valley、丹麦天然气技术中心等，旨在探索综合利用浮式海上风电、波浪能、氢能等多种能源形式，作为海洋油气平台供电的模式。

2020 年，比利时发布了一个名为 Hyport Oostende 的海上风电制氢项目的规划，由海工巨擘 DEME、投资机构 PMV 和比利时 Ostend 港共同开发，在 Ostend 港实施。项目分两个阶段：第一个阶段，开发一个 50MW 的示范项目；第二个阶段，开发一个规模更大的商业化项目，并在 2025 年前完成。有望成为世界上首个投运的商业化海上风电制氢项目。

亚欧合作的海上风电项目也崭露头角。2020 年，新加坡的能源企业 Enterprize Energy 和 Engie 旗下的工程公司 Tractebel Overdick 签订了一份谅解备忘录，将联合在北海开发建设一个“一站式”海上平台，利用海上风电制氢和制氨。该平台名为 Energy-Plus，规划容量为 400MW，底部为导管架基础，上部平台装设电解槽设备，用于生产绿色氢气，并通过管道外送，同时还生产少量绿色氨气，用气罐储存起来统一运输。

总体来看，欧洲大力发展海上风电制氢有前瞻性、必要性、必然性和占优性。优异的海上风资源、四通八达的现有油气管道资源及海上风电的全球领先地位奠定了欧洲发展海上制氢基础。未来，在欧洲多国低碳制氢计划的带动下，绿色氢气会快速增加，势必将带动整个氢气供应链的增长和投资，欧洲有机会成为氢能技术创新中心、氢能装备制造中心及氢能项目建设与运营和维护中心。

总而言之，国内外海上风电制氢产业均处于起步阶段，各国仍然在探索可行的技术方案和商业化方案。海上风电制氢作为海洋能源综合利用的一种方式，伴随着海上风电的迅猛发展，有望得到更深更广的应用空间，为海上风电消纳、海上风电输送系统建设及能源转型提供新思路。我国作为海上风电大国、氢能应用大国、海洋资源大国，应注重海上风电产业高质量发展，支持和鼓励通过更多的方式挖掘海洋资源潜力，并与氢能产业结合，解决绿氢来源问题，推动我国能源结构调整，从而实现碳中和目标。

参考文献

[1] CREIA，GWEC，CWEA，等．海上风电回归与展望2020［R］．第五届全球海上风电大会，2020.

[2] 时智勇．“十四五”我国海上风电发展的几点思考［J］．中国电力企业管理，2020，13：40-42.

[3] 刘吉臻，马利飞，王庆华，等．海上风电支撑我国能源转型发展的思考［J］．中国工程科学，2021，23（01）：149-159.

[4] 胡文森，杨希刚，李庚达，等．我国海上风电发展探析与建议［J］．电力科技与环保，2020，36（05）：31-36.

[5] 封宇，何焱，朱启昊，等．近海及海上风资源时空特性研究［J］．清华大学学报（自然科学版），2016，56（05）：522-529.

[6] 符平，秦鹏飞，张金接．海上风资源时空特性研究［J］．中国水利水电科学研究院学报，2014，12（02）：155-161.

[7] 宋军，刘永前．全球海上风能资源综述［C］//2011年全国风力发电工程信息网年会，中国，三亚，2011-12-21至2011-12-24.

[8] 中国气象局．全国风能资源详查和评价报告［M］．北京：气象出版社，2014：3，86-90，108-122.

[9] 中国气象局风能太阳能资源评估中心．中国风能资源的详查和评估［J］．风能，2011，08：5.

[10] 张秀芝，徐经纬．中国近海风能资源分布［C］//中国电机工程学会可再生能源发电专业委员会2009-2010年会暨风电技术交流会，中国，北京，2010-12-01.

[11] 杨校生．风力发电技术与风电场工程［M］．北京：化学工业出版社，2012.

[12] 王伟，刘蔚．海上测风塔基础设计［M］．北京：中国水利水电出版社，2016.

[13] 李正泉，宋丽莉，马浩，等．海上风能资源观测与评估研究进展 [J]．地球科学进展，2016，31（08）：800-810.

[14] 窦芳丽，商建，郭杨，等．卫星遥感海面风技术现状及应用进展 [J]．气象科技进展，2017，7（04）：6-11.

[15] 林明森，何贤强，贾永君，等．中国海洋卫星遥感技术进展 [J]．海洋学报，2019，41（10）：99-112.

[16] 潘航平，许昌，薛飞飞，等．近海风电场风能参数模型及其应用研究 [J]．太阳能学报，2019，40（10）：2994-3001.

[17] 易侃，张子良，张皓，等．海上风能资源评估数值模拟技术现状及发展趋势 [J]．分布式能源，2021，6（01）：1-6.

[18] 郭乔影．基于星地多源数据的海上风能资源评估方法研究 [D]．杭州：浙江大学，2020.

[19] Colmenar-Santos A，Perera-Perez J，Borge-Diez D，et al. Offshore wind energy：A review of the current status，challenges and future development in Spain [J]. Renewable and Sustainable Energy Reviews，2016，64：1-18.

[20] 李黄，夏青，尹聪，等．我国 GNSS-R 遥感技术的研究现状与未来发展趋势 [J]．雷达学报，2013，2（04）：389-399.

[21] 刘原华，许荣鸽，牛新亮．基于 ANN 的 GNSS-R 海面风速反演方法 [J]．信息技术与信息化，2021，06：40-44.

[22] 高涵，白照广，范东栋．基于 BP 神经网络的 GNSS-R 海面风速反演 [J]．航空学报，2019，40（12）：198-206.

[23] 陈小海，张新刚．海上风电场施工建设 [M]．北京：中国电力出版社，2017.

[24] 国家能源局．NB/T 10103-2018，风电场工程微观选址技术规范 [S]．北京：中国水利水电出版社，2019.

[25] 潘文霞，杨建军，孙帆．风力发电与并网技术 [M]．北京：中国水利水电出版社，2017.

[26] 黄志秋，陈冰，周敏．海上风电送出工程技术与应用 [M]．北京：中国水利水电出版

社，2016.

[27] 王志新．海上风力发电技术［M］. 北京：机械工业出版社，2013.

[28] 李晓霞，刘蕴博．海上风电场建设指南［M］. 武汉：湖北科学技术出版社，2016.

[29] 王建，高宏飚，刘碧燕．海上风电防腐技术［M］. 北京：中国电力出版社，2018.

[30] 陈达．海上风电机组基础结构［M］. 北京：中国水利水电出版社，2014.

[31] 冯延晖，陈小海．海上风电场经济性与风险评估［M］. 北京：中国电力出版社，2018.

[32] 张金接，符平，凌永玉．海上风电场建设技术与实践［M］. 北京：中国水利水电出版社，2013.

[33] 邱颖宁，李晔．海上风电场开发概述［M］. 北京：中国电力出版社，2018.

[34] 迟永宁，梁伟，张占奎，等．大规模海上风电输电与并网关键技术研究综述［J］. 中国电机工程学报，2016，36（14）：3758-3770.

[35] Liu Y，Sun Y，Infield D，et al. A hybrid forecasting method for wind power ramp based on orthogonal test and support vector machine（OT-SVM）［J］. IEEE Transactions on Sustainable energy，2017，8（02）：451-457.

[36] 周勇良，余光正，刘建锋，等．基于改进长期循环卷积神经网络的海上风电功率预测［J］. 电力系统自动化，2021，45（03）：183-191.

[37] 韩爽．风电场功率短期预测方法研究［D］. 北京：华北电力大学，2008.

[38] 史洁．风电场功率超短期预测算法优化研究［D］. 北京：华北电力大学，2012.

[39] 阎洁．风电功率预测不确定性及电力系统经济调度［D］. 北京：华北电力大学，2016.

[40] 阎洁，李宁，刘永前，等．短期风电功率动态云模型不确定性预测方法［J］. 电力系统自动化，2019，43（03）：17-23.

[41] 张浩．风电功率时空不确定性预测方法研究［D］. 北京：华北电力大学，2021.

[42] 田永祥，陆维松，陈德辉，等．数值天气预报［M］. 北京：气象出版社，2010.

[43] Warner J C，Armstrong B，He R，et al. Development of a coupled ocean-atmosphere-wave-sediment transport（COAWST）modeling system［J］. Ocean modelling，2010，35（03）：

230-244.

［44］雷小途，李永平，于润玲，等．新一代区域海-气-浪耦合台风预报系统［J］．海洋学报（中文版），2019，41（06）：123-134.

［45］詹思，齐琳琳，卢伟，等．基于区域海气浪耦合模式的海洋风场预报性能研究［J］．海洋预报，2017，34（06）：16-26.

［46］戚创创，王向文．考虑风向和大气稳定度的海上风电功率短期预测［J］．电网技术，2021，45（07）：2773-2780.

［47］王函．风光发电功率与用电负荷联合预测方法研究［D］．北京：华北电力大学，2021.

［48］Archer C L，Vasel-Be-Hagh A，Yan C，et al. Review and evaluation of wake loss models for wind energy applications［J］. Applied Energy，2018，226：1187-1207.

［49］Katic I，Højstrup J，Jensen N O. A simple model for cluster efficiency［C］// European wind energy association conference and exhibition，Rome，Italy：A. Raguzzi，1986，1：407-410.

［50］顾波．风电场尾流快速计算及场内优化调度研究［D］．北京：华北电力大学，2016.

［51］邵振州．风电场尾流快速模拟方法及应用研究［D］．北京：华北电力大学，2019.

［52］李莉，刘永前，杨勇平，等．基于CFD流场预计算的短期风速预测方法［J］．中国电机工程学报，2013，33（07）：27-32+22.

［53］王一妹．基于CFD流场预计算的复杂地形风电场功率预测方法研究［D］．北京：华北电力大学，2014.

［54］王一妹．风电场尾流场与功率多精度模拟方法研究［D］．北京：华北电力大学，2018.

［55］吴亚联，郭潇潇，苏永新，等．机组间偏航和有功功率综合协调的海上风电场增效方法［J］．电力系统自动化，2017，41（07）：74-80.

［56］顾波，张洋，任岩，等．风电场尾流分布计算及场内优化控制方法［J］．电力系统自动化，2017，41（18）：124-129.

［57］Annoni J，Fleming P，Scholbrock A，et al. Analysis of control-oriented wake modeling tools using lidar field results［J］. Wind Energy Science，2018，3（02）：819-831.

[58] 高阳, 陈世福, 陆鑫. 强化学习研究综述 [J]. 自动化学报, 2004, 01: 86-100.

[59] 廖浩. 考虑疲劳载荷的风电场有功控制优化研究 [D]. 成都: 电子科技大学, 2020.

[60] 张晋华. 风电场内机组优化调度研究 [D]. 北京: 华北电力大学, 2014.

[61] 苏永新. 风电场疲劳分布和有功功率的统一控制 [D]. 湘潭: 湘潭大学, 2014.

[62] 刘永前, 马远驰, 陶涛. 海上风电场维护管理技术研究现状与展望 [J]. 全球能源互联网, 2019, 2 (02): 127-137.

[63] 傅质馨, 袁越. 海上风电机组状态监控技术研究现状与展望 [J]. 电力系统自动化, 2012, 36 (21): 121-129.

[64] 陈雪峰, 李继猛, 程航, 等. 风力发电机状态监测和故障诊断技术的研究与进展 [J]. 机械工程学报, 2011, 47 (09): 45-52.

[65] 吴益航. 海上风电运行维护问题策略探索 [J]. 电力设备管理, 2018, 12: 67-69.

[66] 刘璐洁. 海上风电运行维护策略的研究 [D]. 上海: 上海大学, 2018.

[67] 符杨, 许伟欣, 刘璐洁. 海上风电运行维护策略研究 [J]. 上海电力学院学报, 2015, 31 (03): 219-222.

[68] 杨源, 阳熹, 汪少勇, 等. 海上风电场智能船舶调度及人员管理系统 [J]. 南方能源建设, 2020, 7 (01): 47-52.

[69] 吕伟, 谈宏志, 杨家荣, 等. 海上风电场的维护调度方法及系统 [P]. 上海: CN107563623A, 2018-01-09

[70] Yang W, Tavner P J, Crabtree C J, et al. Wind turbine condition monitoring: technical and commercial challenges [J]. Wind Energy, 2014, 17 (05): 673-693.

[71] Dao C, Kazemtabrizi B, Crabtree C. Wind turbine reliability data review and impacts on levelised cost of energy [J]. Wind Energy, 2019, 22 (12): 1848-1871.

[72] 王致杰, 刘三明, 孙霞. 大型风力发电机组状态监测与智能故障诊断 [J]. 热能动力工程, 2013, 28 (06): 615.

[73] Sheng S. Report on wind turbine subsystem reliability-a survey of various databases (presentation) [R]. Golden, CO (United States): National Renewable Energy Laboratory (NREL), 2013.

[74] 陈雪峰，郭艳婕，许才彬，等．风电装备故障诊断与健康监测研究综述 [J]．中国机械工程，2020，31（02）：175-189.

[75] Bangalore P，Boussion C，Faulstich S，et al. Wind farm data collection and reliability assessment for O&M optimization [R]. May，Kassel：International Energy Agency，2017.

[76] 中国电子技术标准化研究院．数字孪生应用白皮书 [R]．北京：中国电子技术标准化研究院，2020.

[77] 郭建廷，吴帅，崔杰，等．风力发电及海水淡化一体化平台概念设计及水动力性能分析 [J]．中国水运（下半月），2017，17（12）：140-142.

[78] 刘承芳，李梅，王永强，等．海水淡化技术的进展及应用 [J]．城镇供水，2019，02：54-58+62.

[79] 陈超，杨禹，王哲，等．海水淡化与清洁能源协同发展现状与展望 [J]．绿色科技，2019，08：147-154.

[80] Ahmed F E，Hashaikeh R，Diabat A，et al. Mathematical and optimization modelling in desalination：State-of-the-art and future direction [J]. Desalination，2019，469：114092.

[81] Ma Q，Lu H. Wind energy technologies integrated with desalination systems：Review and state-of-the-art [J]. Desalination，2011，277（1-3）：274-280.

[82] Eke J，Yusuf A，Giwa A，et al. The global status of desalination：An assessment of current desalination technologies，plants and capacity [J]. Desalination，2020，495：114633.

[83] 罗佐县，曹勇．氢能产业发展前景及其在中国的发展路径研究 [J]．中外能源，2020，25（02）：9-15.

[84] Franco B A，Baptista P，Neto R C，et al. Assessment of offloading pathways for wind-powered offshore hydrogen production：Energy and economic analysis [J]. Applied Energy，2021，286：116553.

[85] Babarit A，Gilloteaux J C，Clodic G，et al. Techno-economic feasibility of fleets of far offshore hydrogen-producing wind energy converters [J]. International Journal of Hydrogen Energy，2018，43（15）：7266-7289.

[86] Yang X，Xu F. Economical Model Analysis of Power to Gas [J]. Journal of Low Carbon

Economy 低碳经济, 2016, 5 (04): 37-42.

[87] 杨源, 陈亮, 王小虎, 等. 海上风电-氢能综合能源监控系统设计 [J]. 南方能源建设, 2020, 7 (02): 35-40.

[88] 李雪临, 袁凌. 海上风电制氢技术发展现状与建议 [J]. 发电技术, 2022, 43 (02): 198-206.

[89] 田甜, 李怡雪, 黄磊, 等. 海上风电制氢技术经济性对比分析 [J]. 电力建设, 2021, 42 (12): 136-144.

[90] 颜畅, 黄晟, 屈尹鹏. 面向碳中和的海上风电制氢技术研究综述 [J]. 综合智慧能源, 2022, 44 (05): 30-40.

反侵权盗版声明

举报电话：（010）88254396；（010）88258888

传　　真：（010）88254397

E-mail：dbqq@ phei. com. cn

通信地址：北京市海淀区万寿路 173 信箱

电子工业出版社总编办公室

邮　　编：100036